棉花黄萎病症状－叶片叶肉呈掌状红褐色枯斑

棉花黄萎病症状－叶肉呈红褐色萎蔫焦枯斑与无病叶片比较

棉花黄萎病症状－叶肉呈掌状褐色枯斑

棉花黄萎病症
状－早期叶肉
呈黄色萎蔫枯斑

棉花黄萎病症
状－早期叶缘
呈黄色萎蔫枯斑

棉花黄萎病症
状－中后期叶肉
呈黄色萎蔫枯斑

棉花枯黄萎病混生叶片症状－叶肉呈黄色萎蔫枯斑叶脉黄化

棉花枯萎病症状－棉株矮化叶片皱缩

棉花枯萎病症状－棉株茎杆维管束变黑褐色

棉花枯萎病症状－青枯型子叶和真叶突然失水萎蔫，全株青枯，最后棉株枯死

棉花枯萎病症状－叶脉变黄呈黄色网纹

棉花枯萎病症状－叶片变紫红

农作物重要病虫害防治技术丛书

棉花黄萎病枯萎病及其防治

简桂良　编著

金盾出版社

内 容 提 要

本书是由中国农业科学院植物保护研究所的专家编著。主要介绍了棉花生产和病害发生的概况，黄萎病和枯萎病的发生情况，在世界的分布与危害、在我国的分布与危害、各种症状类型和对棉花生产的影响以及发病和流行规律，最后还从多个角度介绍了综合防治方法。该书研究深入，讲述透彻，实用性强，适合专业技术人员参考阅读，同时也适合广大棉农使用。

图书在版编目(CIP)数据

棉花黄萎病枯萎病及其防治/简桂良编著．—北京：金盾出版社，2009.6

(农作物重要病虫害防治技术丛书)

ISBN 978-7-5082-5704-4

Ⅰ．棉…　Ⅱ．简…　Ⅲ．①棉花—黄萎病—防治②棉花—枯萎病—防治　Ⅳ．S435.621

中国版本图书馆 CIP 数据核字(2009)第 051785 号

金盾出版社出版、总发行

北京太平路 5 号(地铁万寿路站往南)

邮政编码：100036　电话：68214039　83219215

传真：68276683　网址：www.jdcbs.cn

封面印刷：北京金盾印刷厂

彩页正文印刷：北京金盾印刷厂

装订：永胜装订厂

各地新华书店经销

开本：787×1092 1/32　印张：4.5　彩页：4　字数：96 千字

2011 年 1 月第 1 版第 5 次印刷

印数：60 001～80 000 册　定价：8.00 元

目　录

第一章 概 述

一、世界棉花生产概况

棉花是重要的经济作物，分布在南纬 32°至北纬 47°之间，在亚、非、美、欧洲及大洋洲均大面积种植。世界有棉花生产的国家和地区 96 个。1990～1993 年间世界棉花年平均皮棉产量为 1 860.6 万吨。自 20 世纪 50 年代，世界棉花总产量每十年增加 200 万吨左右，年均增长 2%。随着世界经济的发展和人民生活水平的提高，对棉花的需求日益增加，进入 21 世纪后，世界棉花总产量稳定在 2 000 万吨以上，2004 年更是高达 2 623 万吨。种植面积 4 000 万公顷左右。

1950 年以来，由于世界植棉技术的不断提高，皮棉单产也在不断增加，1991～1994 年平均皮棉单产为 583 千克/公顷，为 1951～1955 年间单产 250 千克/公顷的 2.3 倍。2000～2005 年，世界棉花种植面积为 3 600～3 800 万公顷。单产水平 2004 年曾达到 730 千克/公顷。随着在香港举行的世贸组织第六届部长级会议通过了《香港部长宣言》，确定 2013 年取消农业出口补贴，在棉花贸易协议上给最不发达成员国“双免”（即免除关税和配额）待遇。世界上棉花产量占第二位的美国，2006 年开始，棉花种植面积显著减少，已严重影响到世界棉花供给的平衡，棉花价格显著提高。

世界虽然有 90 多个产棉国，但总产量的 98%以上主要来自 25 个国家和地区，其他数十个国家只有少量生产。世界年产 100 万吨以上的大产棉国和地区共 5 个:中国、美国、乌斯别克斯坦、印度和巴基斯坦。五国合计产量约占世界总产量的 80%左右。年产 10 万~100 万吨的中等产棉国 10 个:土耳其、巴西、埃及、澳大利亚、阿根廷、希腊、巴拉圭、叙利亚、马里和科特迪瓦,10 国合计皮棉产量占世界产量的 15%左右。其他国家产量合计占世界总产量的 3%左右。

二、我国棉花生产概况

(一)我国主要棉区分布

我国是世界上植棉区域最广阔的国家,棉区范围分布在东经 76°~124°,北纬 18°~46°,东起辽河流域和长江三角洲,西至新疆维吾尔自治区塔里木盆地的西部边缘,南到海南岛三亚,北抵新疆维吾尔自治区北部的玛纳斯河流域。根据各棉区的气候、土壤、社会经济条件、植棉现状和适种品种类型等因素,中国的棉区可分成五个区域,即黄河流域棉区、长江流域棉区、西北内陆棉区、北部特早熟棉区和华南棉区。

1. 黄河流域棉区 该区曾是我国棉田面积最大的棉区,全区棉田总面积约 300 万公顷,2000 年以前种植面积和产量占全国棉田面积和总产量的 60%左右。常年皮棉单产每公顷 750 千克/公顷左右,包括河北(除长城以北)、山东、河南(除南阳、信阳)、山西南部、陕西关中、甘肃陇南、江苏的苏北灌溉总渠以北、安徽的淮河以北地区以及北京、天津两市郊区等地。

2. 长江流域棉区 长江流域棉区为我国仅次于黄河流域的第二大棉区,植棉面积和产量约占全国棉田面积和产量的 1/3，常年皮棉单产 750 千克/公顷以上。本区位于华南棉区以北，在北纬 26°～33°、东经 104°～122°之间，包括上海、浙江、江西、湖南、湖北五省（市）以及江苏的苏北灌溉总渠以南、安徽的淮河以南、四川盆地、贵州北部、云南东北部、河南南阳、信阳地区和陕西汉中地区。

3. 西北内陆棉区 西北内陆棉区，包括新疆维吾尔自治区和甘肃的河西走廊地区，是我国植棉最早的棉区之一，也是我国最有发展潜力的优质高产灌溉棉区及主要的长绒棉区。1988 年，国务院决定将新疆维吾尔自治区列为国家重点棉花开发区，棉田面积扩展迅速，由 1988 年的 32 万公顷，发展为 2008 年的 118 万公顷，种植面积占全国棉田面积的 1/4，产量占全国总产量的 1/3。该区分为三个亚区。

(1)东疆亚区 本亚区包括吐鲁番、鄯善和托克逊等县，新疆维吾尔自治区东部的哈密盆地有零星分布。这一亚区所处的纬度相当于北部的特早熟棉区，但因海拔特别低（－100～300m），内陆盆地和大面积荒漠的增温效应较强烈，光能资源是全国棉区最好的棉区，成为我国自然气候条件最好的海岛棉生产基地。

(2)南疆亚区 本亚区位于天山山脉以南的塔里木盆地。虽然海拔高达 1 000～1 400m，但因四周有高大山脉的阻隔，荒漠盆地的增温效应十分明显，使本亚区的热量资源大致与华北平原亚区和京津唐早熟亚区相近。

(3)北疆——河西走廊亚区 本亚区棉田主要分布在北疆准噶尔盆地西南部的玛纳斯河和奎屯河流域，甘肃河西走廊每年植棉面积 6 万多公顷。该地区是我国植棉区纬度最高的亚区，不利的因素是热量条件不足，秋季降温快造成棉花晚熟，适宜种植特早熟品种。

4. 北部特早熟棉区　北部特早熟棉区包括辽宁的辽阳、山西的晋中、陕北、陇东和冀北的零星棉区。该棉区在 60 年代植棉面积约占全国面积的 10％，70 年代以后逐渐缩减，至 1998 年仅占全国棉田总面积的 2％。

5. 华南棉区　华南棉区是最早引进和发展棉花的地区，有 2 000 多年的植棉历史，包括云南大部、四川西昌地区、贵州、福建两省的南部以及广东、广西、海南、台湾等地。云南省和广东省曾经是该地区的主要植棉区。1959 年云南植棉面积为 5.2 万公顷，1966 年广东植棉面积 1.7 万公顷。由于华南棉区生态条件不利于棉花丰产优质，植棉经济效益差，至 70 年代末，植棉基本停止，目前仅有零星种植。

（二）我国棉花播种面积及产量

我国是世界最大的产棉国，植棉历史悠久，宜棉地域辽阔。新中国成立后，国家十分重视发展棉花生产，制定了鼓励棉花生产的方针政策，棉花生产得到迅速恢复和发展。到 1958 年，棉田面积由 1949 年的 277 万公顷增加至 555.6 万公顷，总产量达到 196.9 万吨，比 1949 年总产 44.4 万公顷增长了 3.44 倍。1959 年以后由于三年自然灾害、粮棉矛盾冲突、粮棉比价失调等原因，棉花生产大幅度下降，1962 年全国棉田面积下降为 349.7 万公顷，皮棉总产 75 万吨。1963 年国家重新确定各项促进棉花生产的经济政策，棉花生产逐步回升。1966 年至 1979 年全国棉花总产量一直徘徊在 220 万吨左右。1979 年以后，农村实行家庭联产承包责任制，同时采取了一系列鼓励植棉政策，棉农植棉积极性普遍提高，棉田面积与产量连年增长。1984 年棉田面积达到 692.3 万公顷，总产量达到 625.8 万吨，占当年世界棉花总产量的 32.5％，跃居世界第一位。从1982年起,中国从棉花净进口国变为净出口国,1984年棉花生产供大于求,国家采取控制棉花生产措施,取消了优惠政策,1985、1986连续两年自然灾害,使1985～1989年棉花产量连年下降。1989年国家进行政策调整,使1990～1991年产量有所回升,1991年全国总产达567.5万吨,成为历史上第二个高产年。1992年和1993年由于北方棉铃虫、黄萎病爆发和低温、早霜灾害,两年总产比1991年分别减少20%和34%。

根据农业部全国种子总站1981～1999年统计资料表明,近20年中我国黄河、长江、新疆维吾尔自治区三大棉区,棉花种植面积波动较大,西北内陆棉区增长最快,如新疆维吾尔自治区棉区1981年植棉面积为17万公顷,1991年增加到50万公顷,1999年达到89万公顷,2007年更高达120万公顷,产量达到270万吨;而黄河流域棉区植棉面积迅速减少,由1992年的323万公顷,减少到1999年122万公顷。进入21世纪以后,随着我国加入WTO,纺织品出口的限制逐渐放宽,棉花需求的增加,棉花植棉面积逐渐回复,2004年植棉面积回升到565万公顷,2007年植棉面积553万公顷。

植棉面积的波动,反映了棉区生产效益的波动,西北内陆棉区单位面积经济效益增长最快,1990以来成为全国单产最高的棉区,1978年西北、长江、黄河三大棉区单产分别为362千克/公顷、645千克/公顷、388千克/公顷,而1999年分别达到1 308千克/公顷、1 070千克/公顷、848千克/公顷,西北内陆棉区20年单产提高3.61倍。因此,我国的植棉区1980年代开始,由经济发达地区向经济不发达地区转移。我国植棉面积应保持在500万公顷左右为宜,以提高植棉的科技含量,提高单位面积产量,保证满足国内需要,适量出口为最佳。

我国是世界上最大的棉花生产和消费国，从当前国内外棉市的基本情况分析，预计 2007 年度国内棉花消费量为 1 100万吨，产量仅为 673 万吨，进口量为 380 万吨，无论怎样调节，400 余万吨的需求缺口仍需要进口。据统计，阿拉山口口岸 2007 年 5 月进口棉花 5 739 吨，比去年同期增长 2.74 倍。但随着 2007 年底美国次贷危机的爆发，并进一步扩展蔓延到全世界，引发世界性的金融危机，2008 年棉花进口量进一步萎缩，世界棉花消费也呈下降趋势。

据美国农业部(USDA)2007 年 11 月 16 日发布的美棉出口周报，在 2007 年 11 月 2 日到 11 月 8 日这一周，美国共签约销售陆地棉 3 1871.6 吨，较上一周减少 41%，较前四周平均低 27%。主要买家是墨西哥(5 864.2 吨)、土耳其(5 820.6 吨)、中国大陆(5 384.6 吨)、巴基斯坦(3 531.6 吨)、孟加拉(3 204.6吨)和中国台湾(2 594.2 吨)。签约 08/09 年度新棉 2 114.6 吨，主要卖给墨西哥(2 005.6 吨)和韩国(109 吨)。

(三)我国棉花生产形势

据 USDA 研究报告显示：尽管中国棉花产量在不断提高，但供应缺口仍逐年加大，预计 07/08 年度中国棉花产量与 06/07 年度基本持平(06/07 年度为 3 090 万包，07/08 年度预计为 3 100 万包)，而消费量将达到 5 400 万标准包，较上一年度增长 8%。世界其他棉花主产区产量、消费量基本与上一年度持平。

有关专家分析，为了满足市场需求，中国在 2006 年 9 月至 2007 年 8 月棉花进口额度可能超过 400 万吨。由于 06/07 年度中国需求接近 1 100 万吨，棉花进口额度 2006 年已经接近 400 万吨。若 2007 年棉花消费增长 8%，进口棉花应该能够超过 400 万吨。但受世界金融危机的影响，棉花消费不仅没有预测的增加，相反还呈下降的趋势，据海关统计，2008 年一季度我国累计进口棉花 50.8 万吨，比去年同期下降了 54.5%。下降的主要原因有以下几点：

第一，国家为了保证国产棉销售畅通，不仅棉花进口配额发放较晚，而且还采取了逐步下发的办法。

第二，美国取消了棉花出口补贴。美国是全球重要的棉花供应国，长期以来对棉花生产和出口予以高额补贴。自 2006 年 8 月起取消棉花出口补贴后，导致国际棉花总体价格上涨，相对国内棉价优势减弱。

第三，2007 年起实行了新棉进口滑准税政策。新的滑准税进一步消弱了进口棉的价格优势。

第四，新疆棉收储及运输问题得到解决。本棉花年度国家下达了 30 万吨新疆棉收储计划，同时积极组织新疆棉外运，新疆棉外运量比 2006 年同期增加了 50%，缓解了沿海纺织大省用棉的紧张程度。种植成本大幅上升，由于种子、化肥、农药等主要农资价格趋于上涨，当前我国棉花种植成本涨幅较大。2006 年我国棉花种植成本为 869.34 元/667 平方米，2007 年预计为 930.8 元/667 平方米，涨幅为 7.07%。虽然，2008 年棉花消费增长乏力，但随着人民生活水平的提高和崇尚自然风气的流行，以及世界逐渐走出金融危机的阴霾，我国纺织业的复苏，我国棉花的供应缺口仍长期存在。

三、棉花病害发生概况

棉花的主要病害可分为三大类，一是苗期病害，二是枯萎病和黄萎病，三是铃期病害，即棉花的烂铃病。

(一)棉花苗期病害

棉花苗期病害主要有炭疽病(*Colletotuichum gossypii* Southw)、立枯病(*Rhizoctonia solani* Khün)、红腐病(*Fusarium moniliforme* Sheld.)、猝倒病[*Pythium aphanidermatum*(Eds.) Fitz.]、角斑病[*Xanthomonas malvacearum* (Smith) Dowson]和棉苗疫病(*Phytophthora boehaeriae* Saw.)等。

棉花苗期病害主要造成烂根,棉苗生长势弱、甚至死亡,严重时造成棉田缺苗断垅。苗病的发生发展与棉花长势强弱、病菌数量和播种后的气候条件密切相关。棉苗出土后,当两片子叶展开、第一片真叶刚出现时,是棉苗抗逆力最差的时期,如遇上不良气候条件(如阴雨、低温等),种子、土壤、病残体及肥料等处病原菌的侵害,即会造成苗病的大量发生;如遇寒流侵袭、阴雨、高湿的条件,棉花苗期病害将会爆发成灾。

棉花苗期病害的防治,主要方法是消毒灭菌,减少病原菌的数量,并采取多种农业措施,创造有利于棉苗生长发育的环境条件,培育壮苗,提高棉苗的抗病性。防治棉花苗期病害应提倡预防为主,农业防治与化学防治相结合的综合防治原则。目前,主要采种衣剂包衣技术,达到既防治苗期病害,又可有效控制苗期害虫的目标。

(二)棉花铃期病害

棉花铃期病害即烂铃,主要铃病有:棉铃疫病(*Phytophthora boehaeriae* Saw.)、棉铃炭疽病(*Colletotuichum gossypii* Southw)、棉铃红腐病(*Fusarium moniliforme* Sheld.)、棉铃红粉病[*Cephalothecium roseum* (Link) Corda]、棉铃黑

果病(*Diplodia gossypina* Cooke)、棉铃角斑病[*Xanthomonas malvacearum* (Smith) Dowson]、棉铃曲霉菌(*Aspergillus* spp.)和棉铃软腐病(*Rhizopus nigricans* Ehrenberg)等。

棉花铃病的主要特点是在棉花结铃吐絮期遭受多种病菌的侵染危害,其病原菌种类复杂,侵入时期有先有后,有主有次,多数是首先侵染棉铃的病原菌,为以后侵入的病菌创造了条件,在铃病发生适期,棉田的生态条件,尤其是温湿度起着左右病害消长的主导作用。在棉花结铃盛期的7月下旬至8月上中旬,棉田密度大,栽培管理水平差,造成棉田郁闭,这时如遇到高温高湿多雨,棉花铃病即会大量发生,较长时间的多雨,将会造成铃病的爆发成灾。

铃病的防治应以预防为主,综合防治。农业防治,如合理密植,精细管理,适量追施氮肥,及时打顶,整枝打叉,控制棉田郁闭等是减少烂铃,控制铃病危害的重要措施。

(三)棉花枯、黄萎病

棉花枯萎病[*Fusarium oxysporum* f. sp. *vasinfectum* (Atk.)Snyder et Hansen]和黄萎病(*Verticillium dahliae* Kleb)简称枯、黄萎病,是棉花生产中最严重的两种病害。两病于20世纪的30年代传入我国,后迅速传播,至1970年代已遍布全国各主产棉省(区)。枯萎病在80年代初曾经爆发成灾,因病绝产棉田达到20 000公顷,每年损失皮棉200万担以上;90年代初,由于枯萎病被基本控制,黄萎病逐年加重,1993、1995、1996、2002、2003连续大发生,发病面积已占植棉面积的2/3以上,每年损失皮棉150万担以上。进入21世纪以后,黄萎病已成为阻碍我国棉花继续高产、稳产的主要因素。

50多年来，植病工作者对棉花枯、黄萎病进行了大量的研究。在基础理论方面，早期研究了枯、黄萎病种子带菌检验方法及带菌情况，枯萎病菌种、生理小种，黄萎病病原菌的种、致病力分化、变异，枯、黄萎病对棉花的产量损失，枯、黄萎病的发生流行规律，枯萎病菌的抑菌土壤及黄萎病抗性遗传等均进行了较全面的研究，取得了良好的进展。

在综合防治方面，对农业防治、化学防治和生物防治均进行了大量研究工作，但由于枯、黄萎病是典型的土传维管束病害，化学农药不易防治，棉农把枯、黄萎病称作棉花的“癌症”。

应用抗病品种防治农作物病害是最经济有效的措施。从1970年代初开始，我国对选育抗枯、黄萎病品种已高度重视，并取得了良好进展，选育出一批又一批高抗枯、黄萎病、高产的棉花新品种，结合以抗病品种为主的综合防治策略，1980年代末，枯萎病的严重危害已基本被控制，取得了十分显著的经济效益和社会效益。

第二章　棉花黄萎病

一、棉花黄萎病的发生概况

棉花黄萎病(*Verticillium dahliae* kleb)是世界性危险性病害,对棉花生产造成严重的威胁。1914 年 Carpenter 在美国发现以后很快向世界各主要产棉国传播,成为危害棉花最严重的病害。20 世纪 30 年代传入我国,50～60 年代在部分地区造成危害,90 年代以后成为我国各主产棉省,尤其是北方棉区棉花生产中的重要问题。黄萎病一直是我国对内、对外植物检疫对象。

(一)棉花黄萎病在世界各地的分布与危害

1914 年,Carpenter 首先从美国弗吉尼亚州的阿灵顿陆地棉病株中分离得到了 *V. dahliae*,1918 年,他又从南卡罗莱纳州一株带病的秋葵上分离得到了轮枝菌,并且在温室接种到棉株上,可以使其萎蔫。随后,Bewley(1922)也采用温室接种的方法,将来自欧洲在马铃薯上分离得到的轮枝菌接种到亚洲棉上,同样引起了棉株的萎蔫。

1927 年,当 Sherbakoff 在田纳西州 Lake 发现棉花黄萎病时,他首先提出了该病有可能引起棉花减产的重要病害(Sherbakoff 1928)。翌年他就发现该病在田纳西州和阿肯色州,沿着密西西比河蔓延,在有些田块中,棉株感染率为100%(Sherbakoff 1929)。Mile 等(1932)也报道棉花黄萎病在密西西比河岸普遍发生,并且发现该病大多发生在土壤比较肥沃的棉田中。在德克萨斯、亚利桑那、新墨西哥、密苏里亚利桑那、阿肯色、密西西比和加利福尼亚等地都普遍存在。

20 世纪 40 年代美国已经认识到黄萎病给棉花生产带来的严重威胁。Ezekiel 和 Dunlap(1940)估计 1939 年棉花黄萎病使德克萨斯州的 El Paso 农庄损失皮棉 15%,同年加利福尼亚的一些农田也受到了该病的严重危害。40 年代末,加利福尼亚因棉花黄萎病的危害,皮棉损失每年都在 10%～15%之间。1944～1946 年,在新墨西哥州 Mwsilla 农庄调查显示,75%～88%的田块都感染了黄萎病,损失 5%～20%的农田占 27%～30%。1952～1990 年棉花黄萎病在美国造成的损失估计见表 2-1。1961 年黄萎病暴发,产量损失达到高峰,共损失皮棉 580 000 包。最高的损失比例(3.48%)出现在 1967 年,在此以后,由于减少化肥的使用和农田灌溉,并且推广了新的抗病品种,病害损失有所下降。

表 2-1　1952～1990 年黄萎病在美国造成的棉花产量损失

年份	损失(%)	损失(1000 包)	年份	损失(%)	损失(1000 包)
1952～1954	1.62	559.2	1973～1975	2.60	861.3
1955～1957	1.50	623.3	1976～1978	2.59	896.6
1958～1960	1.93	907.9	1979～1981	2.36	1037.3
1961～1963	2.57	1238.8	1982～1984	1.50	521.6
1964～1966	3.03	1028.6	1985～1987	1.90	740
1967～1969	3.48	966.6	1988～1990	1.46	857.0
1970～1972	2.41	839.1			

棉花黄萎病在美国报道后不久，在中亚、保加利亚以及希腊也发现了黄萎病(Butler 1933；Miles 1934)。在随后几年，秘鲁、巴西、乌干达、中国和前苏联也证实有棉花黄萎病的发生。21 世纪初，黄萎病已遍布于秘鲁、巴西、阿根廷、委内瑞拉、墨西哥、乌干达、刚果、突尼斯、阿尔及利亚、坦桑尼亚、莫桑比克、澳大利亚、土耳其、叙利亚、以色列、伊拉克、伊朗、印度、保加利亚、希腊、西班牙和原苏联等国。1978 年的报道，棉花黄萎病主要分布于乌克兰、阿塞拜疆、哈萨克、乌兹别克、吉尔吉斯、塔吉克等加盟共和国，造成的损失最严重，许多高产农场每年要损失总产量的 25%～30%。1966 年，乌兹别克斯坦估计损失皮棉 1.8 亿千克。因此，前苏联投入了大量的人力和物力进行了研究。1966 年在苏联植物生态研究所就有 220～250 名科学家和科技工作者从事棉花黄萎病研究(Mukhamezhanov 1966)。1990 年，在列宁格勒举行的第五届国际轮枝菌研讨会上，48 位俄罗斯科学家呈交了 54 篇关于大丽轮枝菌和棉花萎蔫病的论文。

(二)棉花黄萎病在我国的分布与危害

我国的棉花黄萎病是在 1935 年由美国引进斯字棉种传入的。当时，凡是承担试种这批棉种的棉区，如河南安阳，河北正定，山东高密，山西运城、临汾，陕西泾阳、三原等地，都陆续发现了黄萎病，并逐年传播蔓延。

1. 20 世纪 70 年代以前 新中国成立后，棉花黄萎病随棉种的大量调运迅速扩展蔓延，至 1959 年已有 12 个产棉省(市)发现棉花黄萎病的局部零星发生，而 1935 年首先传入该病的 5 省 7 县已成为黄萎病重病区。1963 年有 14 个产棉省的 75 个县(市)发病，1965 年扩展到 17 个省 172 个县(市)发生黄萎病，并且危害程度逐年加重。

20 世纪 60 年代中期，黄萎病发病严重的主要是北方棉区的灌溉棉地区及河滩地，旱地发病较少。重病区有陕西关中一带的泾阳、三原、高陵，河北的唐山地区及石家庄地区的部分县，山西晋中南 26 个产棉县仅有 2 个县没有发病，河南安阳，山东高密、临清，辽宁省的辽阳、营口、盖平、黑山和海城等县(市)。60 年代中期，枯萎病在各主产棉区危害越来越重，由于我国大部分地区为枯、黄萎病混生病区，枯萎病的危害掩盖了黄萎病的危害。70 年代以前枯萎病和黄萎病简称“黄、枯萎病”，由于枯萎病的严重危害，科技工作者 70 年代后将“黄、枯萎病”改称为“枯、黄萎病”，以此表明当时棉花枯萎病危害的严重性。

2. 20 世纪 70～80 年代 1972 年 15 个省市统计，638 个产棉县发生枯、黄萎病，病田面积达 30.3 万公顷，占统计棉田面积 386.7 万公顷的 7.8%。1973 年统计，全国植棉面积 528 万公顷，黄萎病的发病面积 8.7 万公顷。1977 年，21 个植棉省市发生枯、黄萎病，浙江、江西为枯萎病区，甘肃、贵州为黄萎病区，其余各省均是枯、黄萎病混发区。全国枯、黄萎病发病面积 52.8 万公顷，占全国植棉总面积 480 万公顷的 11%。其中黄萎病面积 9.0 万公顷，枯萎病 10.1 万公顷，枯、黄萎病混生面积 33.7 万公顷，损失皮棉 0.5 亿千克以上。

1982 年全国普查，结果全国枯、黄萎病发病面积 148 万公顷，占普查面积 474.1 万公顷的 31.3%，其中纯黄萎病面积 13.0 万公顷，枯、黄萎病混生面积 43.8 万公顷。枯萎病面积 86.7 万公顷。绝产面积 2.1 万公顷(以枯萎病为主)，损失皮棉 1 亿千克以上。1982 年黄萎病发病县由 1963 年的 75 个县增加到 477 个。

3. 20 世纪 90 年代以后 由于在枯、黄萎病区大面积种植抗枯萎病品种，至 80 年代末枯萎病被控制，90 年代初黄萎病危害逐年加重，特别是 1993 年，我国南北棉区气温比常年低，加上土壤含菌量大，造成 1993 年黄萎病的大爆发，发病面积约占全国植棉面积的一半，重病面积 13.3 万公顷，损失皮棉在 1 亿千克以上。根据 1993 年 8 月中旬在河北、河南、山东黄萎病重病田调查，其发病特点是：一是发病早，危害重。在 7 月下旬即出现大面积落叶成光杆的绝产病田，如山东临清、河南封丘、兰考、河北成安、肥乡等县(市)。二是发病面积大，产量损失严重。往年很多零星病田和轻病田 1993 年都成为重病田。由于发病早，落叶严重的病田面积大，产量损失严重，这是黄萎病危害历史上最重的一次，打破了以往认为黄萎病只是造成 9 月份早期落叶，产量损失 20%～30%的观念。造成大发生的主要原因是土壤含菌量大，缺乏抗病品种以及气象条件适宜发病。

1995、1996、2002、2003 年，黄萎病在北方棉区再次连续大发生，给棉花生产造成重大损失。

(三)棉花黄萎病的症状类型

棉花黄萎病菌能在棉株整个生长季节均可侵染危害棉花。在自然病田，棉株现蕾前后才看到病株。如河南新乡棉区，枯萎病常年在 5 月上旬开始发病，黄萎病在 6 月上旬开始看到有病株出现。一般情况下黄萎病的症状为黄色斑驳型，90 年代以后，黄萎病在各主产棉区危害逐年加重，在重病田早期、中期、后期均可出现落叶型症状。

1. 幼苗期黄萎病症状 在自然病田，苗期一般不表现症状，在温室人工接菌条件下，子叶、真叶均可发病，表现症状。

现症开始时子叶和真叶叶缘褪绿，变软，叶片的一部分或整个叶片呈现失水状，3～4片真叶时的棉苗，叶片主脉间出现淡黄色不规则的病斑，逐渐扩大变褐，干枯脱落死亡。接菌量大时，子叶期或1片真叶期也可因病枯死。剖开茎部，可看到维管束有淡褐色病变。

2. 成株期黄萎病症状 黄萎病在自然条件下，棉花现蕾以后才逐渐出现症状，一般在8月下旬开花结铃期达到发病高峰。常见的是病株由下部叶片开始发病，逐渐向上发展。根据品种抗病性不同，每年气象条件不同，可出现不同类型的症状。

(1)黄色斑驳型 黄色斑驳是棉花黄萎病田间最常见的症状。发病初期，病叶边缘和叶脉之间的叶肉部分，局部出现淡黄色斑块，形状不规则。随着病势的发展，淡黄色的病斑颜色逐渐加深，呈黄色至褐色，病叶边缘向上卷曲，主脉及附近的叶肉仍然保持绿色，整个叶片呈掌状枯斑，似西瓜皮状。感病严重的棉株，整个叶片枯焦破碎，脱落成光杆。有时在病株的茎基部或叶腋处，可长出赘芽和枝叶。

(2)落叶型 发病初期与黄色斑驳型症状相似，叶脉间叶肉褪绿，出现黄色斑驳，但发病速度较快，3～5天内整株大部分叶片失水变黄白色，叶片变薄，变软，很容易脱落。

黄萎病株一般不矮缩，还能结少量棉铃，但早期发病的重病株有时变得较矮小。花铃期病株，在盛夏久旱后遇暴雨或经大水浸泡后，叶片突现萎垂，呈水烫状，随即脱落成光杆，这种症状称为急性萎蔫型。

(3)早期落叶型 20世纪90年代以前，黄河流域主产棉区的黄萎病，一般6月中旬开始发病，7月初呈现小的发病高峰，随着夏季高温的到来，黄萎病的发生受到抑制，8月份以后发病逐渐加重，8 月底或 9 月初为发病最高峰，重病田造成早期落叶。但是 90 年代以后，黄萎病逐年加重，在重病田出现早期落叶成光杆的症状。如 1993 年，由于夏季气温低等原因，在河北、山东、河南等主产棉省，7 月下旬出现大面积的重病田，造成大面积绝产。

朱荷琴等(1996)报道，北方棉区黄萎病出现新症状—早期落叶型。其症状特点是：病株一般从中部开始发病，叶片失水、颜色变浅、萎蔫下垂，重者干枯下卷，然后落叶，只留生长点。6 月中旬即出现大片光杆的病株，产量损失严重。

从 90 年代末黄萎病的发生情况看，在重病区，种植感黄萎病品种情况下，6 月下旬至 7 月上旬、7 月下旬至 8 月上旬、8 月下旬至 9 月上旬均有可能出现黄萎病落叶型症状。

3. 枯萎病和黄萎病的症状比较

在枯、黄萎病混生地区，两病可以同时发生在同一棉株上，叫做同株混生型。有的以枯萎病症状为主，有的以黄萎病症状为主，使症状表现更为复杂，调查时需注意加以区分。田间普查诊断棉花黄萎病时，与调查枯萎病一样，除了观察比较外部症状外，必须同时剖杆，检查维管束的变色情况。感病严重植株，从茎杆到枝条以至叶柄，维管束全部变色。一般情况下，黄萎病株较枯萎病株茎杆内维管束变色稍浅，多呈褐色条斑，而枯萎病维管束变色较深。8 月下旬以后黄萎病症状易与红(黄)叶茎枯病，即后期棉株下部衰老变黄的叶片混淆，剖开茎杆观察维管束变色与否是区别黄、枯萎病与红(黄)叶茎枯病等的重要依据。后期棉田淹水，根病、虫害、机械损伤、药害等也可造成棉株维管束变色，应与黄、枯萎病形成的维管束变色加以区别。但是，棉花枯、黄萎病维管束变色深浅不是绝对的，有时黄萎病重病株比枯萎病轻病株维管束变色可能还要深些，这时要通过实验室的分离鉴定，才能确定病害的种类。

棉花枯萎病和黄萎病的症状，在发病始期、叶型、叶脉以及维管束变色情况等，均有一定差异，见表 2-2，供识别两病症状时参考。

表 2-2 棉花枯萎病与黄萎病症状比较

发病期	枯萎病	黄萎病
发病始期	子叶期开始发病	现蕾期开始发病
大量发病期	6 月下旬现蕾期	8 月下旬花铃期
叶型	常变小，皱缩，易焦枯	大小正常，主脉间叶肉变黄干枯，呈掌状，
叶脉	常变黄，呈黄色网纹状	叶脉保持绿色
落叶情况	5～6 片真叶期即可落叶成光杆，枯死	一般后期叶片提早变黄干枯，早期落叶；也有 6 月下旬至 8 月上旬更早期落叶的情况
株型	常矮缩，节间缩短	早期病株稍矮缩
剖茎症状	根、茎内部维管束变成深褐色条斑状	根、茎内部维管束变成浅褐色条纹状

(四)棉花黄萎病对产量的影响

棉花黄萎病在自然病田，苗期不发病，在棉株 6～7 片真叶，6 月中旬发病逐渐增多，7 月上旬形成一个小的发病高峰，8 月下旬发病达到高峰。90 年代以前认为黄萎病造成后期提早落叶危害损失不严重，90 年代以后黄萎病逐渐加重，有的年份 7 月和 8 月上旬，都有可能落叶成光杆，7 月下旬以后落叶成光杆可以造成大面积绝收。我国科学家从1950年代至今对黄萎病的产量损失进行了多方面的研究。

1. 不同病级棉花黄萎病单株产量损失 1954年和1962年,中国农业科学院植物保护研究所和陕西省棉花研究所,在陕西泾阳观察,黄萎病株的棉铃脱落率平均为57.3%,健株脱落率为44.4%,病株单株产量比健株降低22.3%(表2-3)。据1975年8月全国棉花枯、黄萎病综合防治研究协作组北方四省(市)棉花黄萎病考察组调查(表2-4)。Ⅳ级病株蕾铃脱落率90.8%,减产91.6%。

表2-3 棉花黄萎病各级病对株蕾、铃脱落及产量的影响

病株级别	蕾铃脱落				单株产量		
	落蕾(%)	落铃(%)	占总铃数(%)	平均每株结铃数(个)	单铃重量(g)	单株籽棉产量(g)	产量比对照降低(%)
Ⅰ级病株	18.7	53.1	71.8	9.0	5.4	80.1	13.5
Ⅱ级病株	23.5	51.1	74.6	6.3	5.3	86.0	7.3
Ⅲ级病株	22.5	56.6	79.1	5.4	5.0	57.3	38.1
Ⅳ级病株	16.2	68.5	84.7	3.3	4.8	53.7	42.1
平均	20.2	57.3	77.5	6.0	5.1	72.0	22.3
健株对照	14.7	44.4	59.1	13.8	5.7	92.7	—

表 2-4 不同级别的黄萎病株对棉花产量的影响

病株类型	铃数（个/株）	脱落数（个/株）	脱落率（%）	减产率（%）
健株	10.8	4.7	24.8	—
Ⅰ级病株	8.6	6.3	31.6	12.6
Ⅱ级病株	8.1	8.3	41.5	25.0
Ⅲ级病株	6.6	10.1	52.8	38.9
Ⅳ级病株	0.9	9.9	90.8	91.6

郭长佐等1982～1984年在江苏盐城，对感黄萎病品种中植86-1号不同级别（分为0～Ⅴ级共6级）病株产量和纤维品质的差异进行比较。Ⅰ级病株单株籽、皮棉产量分别较健株降低30.66%和30.43%，单株结铃数减少22.48%，单铃重降低0.28 g，绒长缩短0.83毫米，衣分降低0.9%；Ⅱ级病株单株籽、皮棉产量分别较健株降低34.43%和35.19%，单株结铃数减少27.88%，单铃重降低0.14克，绒长缩短1.09毫米，衣分降低0.32%；Ⅲ级病株单株籽、皮棉产量较健株降低42.0%和49.03%，单株结铃数减少35.67%，单铃重降低0.56 g，绒长缩短1.43毫米，衣分降低1.55%；Ⅳ级病株单株籽、皮棉产量分别较健株降低65.3%和75.17%，单株结铃数减少57.2%，单铃重降低0.7克，绒长缩短1.4毫米，衣分下降1.3%；Ⅴ级病株单株籽、皮棉产量分别较健株降低71.8%和79.2%，单株结铃数减少64.7%，单铃重降低0.97克，绒长缩短2.0毫米，衣分下降3.4%。

从总体上看，黄萎病株与健株比较，结铃数减少，铃重降低，衣分率也降低，因此黄萎病可造成皮棉产量的降低。但是，棉区、品种不同，水肥条件及调查方法的不同，产量损失也有差异。

李妙等1993年在河北省棉花研究所试验农场，利用3个抗枯耐黄萎病棉花品种徐409、中棉所12、陕5240，按照常用黄萎病分级标准，在8月下旬黄萎病发病高峰期，根据病级逐株进行挂牌标记，3个品种重复进行，每级50株，并于9月10日调查其株高、果枝数、成铃，同时记载吐絮期。收获期分收各级病株的每个单株，计算单株籽棉产量和铃重，室内考种衣分和籽指，研究了不同黄萎病级对产量的损失。结果表明，病株各级间的产量损失差异：Ⅰ级病株的单株籽棉产量平均比健株降低8.21%，单株结铃数减少7.32%，单铃重减轻2.84%，衣分下降4.83%；Ⅱ级病株单株籽棉产量降低27.88%，单株结铃减少35.98%，单铃重减轻7.67%，衣分下降3.86%；Ⅲ级病株的单株籽棉产量平均比健株降低48.01%，单株结铃数减少61.85%，单铃重减轻11.63%，衣分下降4.86%；Ⅳ级病株的单株籽棉产量平均比健株降低80.51%，单株结铃数减少79.24%，单铃重减轻16.23%，衣分下降5.05%。

通过对3个品种不同病级单株籽棉产量间的差异显著性测验，结果表明，0级与发病Ⅰ级差异不显著，但它们与Ⅱ、Ⅲ、Ⅳ级病株间的差异达到显著水平，且0级和Ⅰ级与Ⅲ、Ⅳ级间的差异达到极显著水平，说明Ⅰ极病株虽然使单株籽棉产量有所下降，损失的程度与其他病级相比较小，形不成大的危害。但随着黄萎病级升高，单株籽棉产量的损失明显增加。

棉花黄萎病对产量损失的影响，主要表现在单株结铃数的减少、铃重减轻和衣分下降，但三因素在产量损失中的作用是有所不同的。单株结铃数是形成产量的主要因素，也是构成产量损失的主导因子。其次是铃重，再次是衣分，而且随着病级的升高，单株结铃数在产量损失中的作用愈加明显。

2. 棉花黄萎病群体产量损失 棉花黄萎病单株产量损失的研究较多，而田间群体产量损失研究较少，群体产量损失与单株产量损失不同之处是群体产量，包括与病株相邻健株对产量的自然补偿。

顾本康等(1985)在江苏常熟及南通两县，选黄萎病指 40 以上的重病田，病指 10～20 的轻病田，病指 5 以下的零星病田为对照，种植感黄萎病的中植 86-1 号和 76-79 号，田间调查。结果表明，常熟试点重病田比零星病田减产 22.7%，轻病田减产 4.9%；南通试点病田比零星病田减产 28.4%，轻病田减产 14.0%。前期病指与最后的皮棉产量，经相关分析，得 $r=-0.8875$(常熟)和 $r=-0.9003$(南通)，即产量与病指成负相关，经测验，均达到极显著差异。以 x 为病指，y 为皮棉单产，回归方程分别为 $y=174.73-1.8288x$(南通)和 $y=136.52-0.668x$(常熟)。

表 2-5 黄萎病田间损失测定结果

地点	病田类型	株数	病率(%)	病指	平均病指	成铃数($667m^2$)	皮棉($kg/667m^2$)	平均皮棉(kg)	减产(%)
常熟市徐市乡	重	237	60.8	41.2	39.9	46000	56.5	65.5	22.7
		228	65.4	43.6		58180	82.1		
		238	58.0	34.8		40620	157.5		
南通县恒兴乡	重	142	83.8	55.1	52.4	46384	48.8	48.2	28.4
		145	88.9	48.1		41888	51.5		
		107	85.1	53.9		40237	48.8		
常熟市徐市乡	轻	229	41.9	26.7	21.9	47840	65.8	57.6	4.9
		225	38.7	23.8		44520	69.1		
		263	27.4	15.2		45180	68.1		

续表 2-5

地 点	病田类型	株 数	病率(%)	病 指	平均病指	成铃数(667m²)	皮棉(kg/667m²)	平均皮棉(kg)	减产(%)
南通县恒兴乡	轻	156	50.6	26.6	27.5	45188	51.5	54.3	14.0
		147	57.1	27.7		45975	55.5		
		158	55.1	28.3		45150	57.7		
常熟市徐市乡	零星	216	16.2	9.4	4.0	50340	72.3	80.4	
		207	2.4	1.2		55960	92.7		
		218	2.8	1.5		53560	76.2		
南通县恒兴乡	零星	133	1.5	0.7	1.7	43650	65.4	61.9	
		138	5.07	3.4		42113	63.5		
		133	1.5	0.9		41438	61.1		

姚耀文等 1984～1985 年在河北丰南县及湖北天门县，对黄萎病田间群体产量损失进行了研究。在代表高水肥条件的湖北天门，种植感病品种鄂沙 28，皮棉损失率为 22.7%～41.6%；在代表低水肥条件的河北丰南，种植耐病品种冀棉 7 号，皮棉损失率 17.9%～32.6%，当病田病情指数在 5 以下时，上述感病或耐病品种，棉花产量基本不受损失。

经协方差分析的结果表明，棉花皮棉产量损失率与黄萎病田群体病指之间的关系，可用下述两个多元回归式来表示：

$y=4.38+1.13x\pm7.67$ $r=0.9150$（感病品种：鄂沙 28）

$y=0.659+0.63x\pm7.92$ $r=0.8557$（耐病品种：冀棉 7 号）

y=皮棉产量损失率　　x=病田群体病情指数

3. 棉花黄萎病产量损失与发病时期的关系　黄萎病田间群体产量损失与发病时期，即发病早晚有密切关系，在一般情况下，发病越早，田间皮棉损失越重。

石磊岩 1983～1984 年在北京及河南新乡，以 7 月下旬之前发病的为早期发病，7 月下旬以后发病为晚期发病，调查发病早晚皮棉损失情况。

结果表明，单株平均结铃数，早期发病为 6.3 个，晚期发病为 14.9 个，对照健株为 18.9 个。早期发病的棉株结铃比晚期发病的少 8.6 个，与对照健株比较，早期发病和晚期发病的单株总铃数分别比对照减少 66.8％和 21.2％。从测产看，北京及新乡早期发病平均 667 平方米皮棉平均产量分别为 37.3 千克/667 平方米和 42.6 千克/667 平方米。而晚期发病的皮棉产量分别为 94.3 千克/667 平方米和 98.2 千克/667 平方米，即早期发病的北京和新乡减产率分别为 69.4％和 64.3％，而晚期发病的减产率分别为 22.7％和 17.8％。

陆郝胜等(1985)在江苏常熟县黄萎重病田试验。方法是采用薄膜营养钵育苗，处理分三期播种移栽：早茬苗 3 月 29 日播种，5 月 15 日移栽；中茬 3 月 29 日播种，5 月 25 日移栽；晚茬苗 4 月 3 日播种，5 月 30 日移栽。每处理 100 株，棉花移栽后，自 6 月 10 日起每处理定 50 株，每隔 5 天定株记载发病级别，并于 10 月 27 日剖杆检查。对各处理的选株，记载单株铃数，分株收花，并记载其籽棉和皮棉重。

在资料分析中，分三茬把病株最早出现Ⅳ级(全株叶片呈现病症，叶片大部脱落或整株枯死，其剖面全部表现褐色)的时间按 6 月份、7 月份、8 月上半月、8 月下半月和 9 月份，分株整理归类，计算出单株籽棉重、皮棉重、铃数、平均铃重和衣分的平均值，以 9 月份新增加的Ⅳ级病株的各产量因素为对照，进行比较，并应用单向分组资料的方差分析方法，测定不同时间的Ⅳ级病株对棉花单株皮棉生产力和单株结铃的差异显著性。结果如表 2-6。

表 2-6　不同时间Ⅳ级黄萎病株对棉花产量及组成因素的影响

Ⅳ级病株出现时间	早茬						中茬						晚茬					
	Ⅳ级病株（%）	株铃（个）	株籽棉（g）	株皮棉（g）	铃重（g）	衣分（%）	Ⅳ级病株（%）	株铃（个）	株籽棉（g）	株皮棉（g）	铃重（g）	衣分（%）	Ⅳ级病株（%）	株铃（个）	株籽棉（g）	株皮棉（g）	铃重（g）	衣分（%）
6月	8	0					4	0				0						
7月	10	6.80	18.03	6.89	2.65	38.20	2	4.00	5.02	1.68	1.26	35.50	4	12.50	24.56	8.59	1.96	34.98
8月上半月	14	7.29	18.35	6.22	2.52	33.89	52	10.06	23.85	8.97	2.37	37.59	12	6.33	16.25	6.27	2.57	38.58
8月下半月	36	18.28	52.70	20.38	2.88	38.67	42	17.48	44.85	16.85	2.57	37.57	56	14.71	37.37	14.29	2.54	38.23
9月	26	23.08	82.57	33.19	3.58	40.20	20	20.30	78.30	31.77	3.86	40.58	28	15.79	45.66	17.74	2.89	38.85
平均		15.50	49.98	19.67	5.22	39.35		14.70	42.23	16.33	2.87	38.68		13.92	36.64	14.06	2.63	38.38

表 2-7　不同时间Ⅳ级黄萎病株的棉花产量及组成因素比较

（三茬平均）

Ⅳ级病株出现时间	各期Ⅳ级病株（%）	单株籽棉比对照减（%）	单株皮棉比对照减（%）	单株结铃比对照减（%）	单株铃重比对照减（%）	单株衣分比对照减（%）
6月份	4.0	100	100	100		
7月份	5.3	72.65	75.18	57.22	41.79	10.79
8月上半月	19.3	70.57	72.56	59.59	26.45	7.92
8月下半月	44.7	32.35	35.01	13.84	21.69	4.27
9月（对照）	24.7	—	—	—		

结果表明：1984年棉花黄萎病于6月初始见，但6、7月出现Ⅳ级病症棉株较少，到8月上半月逐渐增多，以8月下半月为最多，早、中、晚三茬棉花在这半月中，新增加的Ⅳ级病株分别占总株数的36%、42%、56%（表2-7）。9月份新增加的Ⅳ级病株量多于8月上半月，少于8月下半月，三茬趋势一致；所以在1984年的气候条件下，8月下半月是棉花黄萎病发病较重的时期。

从单株结铃数看，Ⅳ级病株出现越早，对结铃的影响越大。6月出现Ⅳ级病株，棉株基本丧失结铃能力；8月上半月以前出现的Ⅳ级病株，对结铃影响明显。7月和8月上半月分别比9月对照，三茬平均减少结铃57.22%和59.59%，而8月下半月比对照减少结铃13.84%。方差分析结果表明，早、中茬6月至8月上半月与8月下半月至9月两时期Ⅳ级病株的结铃差异达极显著性。

从平均铃重看，其规律大致与上面相同，即随着Ⅳ级病株出现越早，对单株平均铃重影响越大。7月份、8月上半月、8月下半月三茬平均，分别比对照的Ⅳ级病株平均铃重减轻41.79%、26.45%和21.69%。

从单株衣分看，由于Ⅳ级病株出现的有迟有早，单株衣分亦略有变化，7月、8月上半月、8月下半月三茬平均，分别比对照的Ⅳ级病株衣分减少10.79%、7.92%和4.27%。减幅不像单株铃数和铃重那样差异明显。

从单株籽棉皮棉产量看，试验结果表明，Ⅳ级病株出现越早，对产量损失越大。其单株籽棉产量间趋势一致，三茬趋势亦基本一致。6月份出现的Ⅳ级病株生育停滞，基本无生产力，甚至死亡。7月份比9月份新增加的Ⅳ级病株(以下简称对照)三茬平均单株皮棉减产75.18%。8月上半月比对照减产72.56%，8月下半月比对照减产35.01%。单株皮棉产量经方差分析，早、中茬6至8月上半月与8月下半月至9月的Ⅳ级病株产量差异达极显著性，而晚茬各月间Ⅳ级病株的产量无显著差异。

4. 黄萎病对棉花纤维品质的影响　1963年姚耀文等对黄萎病株收获皮棉的品质进行了测量。结果表明，黄萎病不同级别病株平均强力为4.06克，对照健株为4.33克；病株平均绒长 30.7 毫米，健株为 32.1 毫米。

戴雁忠等(1985)对取自山西运城黄萎病重病田不同级别棉样的品质进行测试，结果如表 2-8。

表 2-8　不同级别黄萎病株棉花纤维品质比较

病级	短绒率 (%)	主体长度 (mm)	品质长度 (mm)	成熟度	强度 (g)	细度 (m/g)	基数
0	13.96	27.41	30.10	1.62	4.28	5379	44
Ⅰ	13.84	27.01	29.45	1.60	4.03	5816	44
Ⅱ	15.60	27.49	29.89	1.46	3.64	6150	42
Ⅲ	17.90	26.86	29.29	1.30	3.29	7202	40
Ⅳ	16.77	25.49	27.91	1.28	3.16	7198	41
重复(F)		0.9440	0.2786	4.8067*	2.32236	0.3951	
病级(F)		47.4382**	30.1323**	103.9619**	130.7810**	454.6084**	

注：**达 0.01 极显著水平，*达 0.05 显著水平

纤维品质随发病级别的增高，短绒率有所增加，主体长度、品质长度、成熟度和强力呈下降趋势，细度变细。如Ⅳ级病株纤维主体长度比健株短 1.92 毫米，强力降低 1.12 克，细度增加 1 819 米/克。经方差分析看到病级间各项纤维品质指标差异均达极显著水平，说明黄萎病严重地影响了棉花纤维品质。

李妙等(1995)在河北石家庄、杨代刚等(2000)在湖北荆州研究黄萎病对棉花纤维品质的影响，均获得与上述相似的结果。

杨之为等(1990)对黄萎病产量损失进行了研究，并建立了黄萎病产量损失模型。田间小区接菌试验的统计分析表明：棉花黄萎病始花期的病情指数与棉花产量损失的相关性

最强。在一定范围内种植密度愈高，群体间的补偿作用愈显著，适当密植是弥补损失的一项措施。还表明，病株主要通过减少单株结铃数影响产量，绒长亦受到影响，而对单铃重和衣分影响不大。

二、棉花黄萎病的发病规律

(一)病 原 菌

1. 分　类　棉花黄萎病菌属于淡色孢科，轮枝菌属。棉花黄萎病致病菌有两个种，即黑白轮枝菌(*Verticillium albo—atrun* Reinke & Berth)和大丽轮枝菌(*Verticillium dahliae* Kleb)。由于这两个种在形态上常有很大的变异，加上各国学者选用的供试材料和研究条件不一致，因而关于棉花黄萎病菌的分类地位在 80 年代以前存在着争论，但 1980 年代以后大部分认为棉花黄萎病是由大丽轮枝菌(*Verticillium dahliae* Kleb)引起的。

Smith 和 Schnathorst(1985)认为，两个种在形态、生理上的主要差异可归纳为：①黑白轮枝菌由菌丝分隔、膨大，胞壁增厚变暗形成黑菌丝缠结的"菌丝结"；大丽轮枝菌则由一根或数根菌丝分隔、膨大，胞壁增厚并向各方向芽殖形成黑色微菌核。②在 30℃时，黑白轮枝菌不生长；大丽轮枝菌仍能生长。③黑白轮枝菌在 20℃比在 25℃对寄主的危害严重，大丽轮枝菌则较轻。

1939 年，周家炽在我国云南采集的离核木棉(*Gossypium barbadense*)上发现黄萎病，病原菌定名为 *V. dahliae*。尹莘耘(1954)在《棉花黄萎病》一书中认为我国棉花黄萎病菌应为

V. albo-atrun。1962 年，全国棉花病害学术会议定名我国棉花黄萎病菌为 *V. albo-atrun* 和 *V. dahliae*。戴芳澜(1979)在《中国真菌总汇》中列出我国 *V. albo-atrun* 的寄主为 27 种，分布于 20 个省(区)；而 *V. dahliae* 仅有 6 个寄主，分布于 6 个省(自治区)。

1979 年全国棉花枯、黄萎病协作组组织河北省植物保护研究所、中国科学院微生物研究所、北京农业大学植保系和中国农业科学院植物保护研究所，采用河北、河南、陕西、辽宁、江苏、云南、四川、新疆维吾尔自治区等 8 个省(区)有代表性的 23 个单孢菌系，经过对菌落及休眠结构的观察和温度试验的综合鉴定，证明上述菌种均能产生微菌核，在 30℃PDA 上有不同程度的生长，没有发现分生孢子梗基部变黑的菌系，也未发现不产生微菌核的黑色菌丝型。257 个单孢菌系经形态鉴定均产生微菌核。故认为中国主要棉区黄萎病菌均属大丽轮枝菌(*Verticilliun dahliae* Kleb)。

姚耀文等(1984)对长江流域的四川、湖南、湖北、安徽、江苏、上海 6 省(市)10 个具有代表性的菌系和吴洵耻等对山东 6 个地(市)的 52 个单孢菌系的鉴定，均确定我国棉花黄萎病菌是大丽轮枝菌。

2. 棉花黄萎病菌的培养 棉花黄萎病菌初生菌丝体无色，后变为橄榄褐色，有分隔，直径 2～4 微米。菌丝体常呈膨胀状，可单根或数根菌丝芽殖为微菌核。不同地区棉花黄萎病菌微菌核产生的数量、大小和形状有明显的差异。例如，在梅干培养基上，泾阳、栾城菌系产生微菌核较多，较大(93～121×36～58 微米)；四川南部和新疆维吾尔自治区和田菌系微菌核较小(48～90×32～68 微米)，多为近圆形，单个散生；陕西菌系多为长条形，并列成串。

棉花黄萎病菌分生孢子，呈椭圆形，单细胞，大小为4.0～11.0×1.7～4.2微米，由分生孢子梗上的瓶梗末端逐个分裂。空气干燥时，孢子在瓶梗末端聚集成堆，空气湿润时，则形成孢子球。显微镜下制片观察时，孢子即散开，只留下梗端新生出的单个孢子。

病菌分生孢子梗常由2～4轮生瓶梗及上部的顶枝构成，基部略膨大、透明，每轮层有瓶梗1～7根，通常有3～5根，瓶梗长度为13～18微米，轮层间的距离为30～38微米，4层的为250～300微米。

棉花黄萎病菌在选择性的培养基上可形成特征的培养性状。金锡萱等(1984)将棉花枯、黄萎病混生病株在水琼脂上培养长出的混合接种体均匀地分散到L-山梨糖＋蛋白胨培养基(KNO_2 2克，KH_2PO_4 1克，$MgSO_4 \cdot 7H_2O$ 0.5克，$FeCl_3$ 微量，L-山梨糖16克，蛋白胨5克，琼脂16克，蒸馏水1 000毫升)上，不仅对枯萎病菌和黄萎病菌反应灵敏，而且能够限制枯萎菌落快速扩展，保证黄萎病菌有足够的营养面积，形成大量瘤状或斑点状突起的黑色小菌落，表面皱缩，有大量微菌核，气生菌丝极稀疏，上面着生轮层的分生孢子梗等大丽轮枝菌的特征性菌落。

3. 棉花黄萎病菌的寄主范围 明确棉花黄萎病菌的寄主植物及分布情况，可为有效地进行轮作倒茬和清洁棉田等综合防治措施提供科学依据。棉花黄萎病菌寄主范围很广，并且还在逐渐扩大。1934年Rrdalph列举了大约120种寄主植物；1957年Engelhard报道为350种；到80年代增加到660种寄主植物，其中十字花科植物23个种，蔷薇科54个种，豆科54个种，茄科37个种，唇形花科23个种，菊科94个种。其中农作物为184个种，占28%；观赏植物323种，占

49%;杂草植物为 153 种,占 23%。

Willliam 等(1980)研究了 35 种杂草接种 *V. dahliae* 后的症状表现和菌核形成,结果 19 种杂草高度感染,12 种杂草不感病,4 种杂草不表现症状,但可分离到病原菌。证明黄萎病菌侵染杂草,在棉田里积累微菌核是导致轮作防病效果不好的一个重要原因。王正芬 1984～1985 年接种了 31 科 87 种植物,其中有 14 科 23 种杂草,除忍冬科、莎草科、玄参科、堇菜科、蒺藜科和石竹科等 6 科的杂草不感染大丽轮枝菌外,其余 25 科的 40 余种杂草受到不同程度的感染。

棉田中杂草寄主的存在,无疑会扩大病原菌的传播途径,增加防治病害的难度。因此,在棉花黄萎病的综合防治中,不可忽视农田地边杂草的防除。应将非寄主作物轮作同高效化学除草相结合,以达到有效的防治。

我国受黄萎病菌危害的栽培植物,早期的报道主要是锦葵科、茄科和豆科植物。戴芳澜在《中国真菌总汇》(1979)一书中列出大丽轮枝孢菌,在我国仅有海岛棉、草棉、陆地棉和龙葵等少数几种寄主,主要分布在云南、新疆维吾尔自治区、甘肃、辽宁、吉林和河北等 6 个省区。1982～1984 年江苏省农业科学院植物保护研究所和江苏沿江地区农业科学研究所通过病株分离鉴定和回接棉花试验,明确大丽轮枝孢菌的寄主共有 20 科 80 余种,包括大田作物和田间杂草,分属锦葵科(3 种)、菊科(12 种)、豆科(15 种)、葫芦科(6 种)、大戟科(2 种)、十字花科(12 种)、苋科(1 种)、唇形科(12 种)、藜科(6 种)、石竹科(3 种)、玄参科(3 种)、酢浆草科(1 种)、伞形科(2 种)、车前科(1 种)、三百草科(1 种)、马齿苋科(1 种)、椴树科(1 种)、胡麻科(1 种)、凤仙花科(1 种)。

国内外相关资料表明,随着鉴定研究的深入,证明大丽轮枝孢菌的寄主范围是相当广泛的。这为棉花黄萎病菌的繁殖与传播提供了有利条件。Krium(1976)还指出,从生长着的小麦根部曾分离出大丽轮枝孢菌,并具有致病性。王正芬(1987)查明13种栽培植物寄主中,水稻未表现症状但分离到病原菌,回接棉花具有致病力,并认为稻棉轮作的防病效果可能为淹水的作用。但山西省农业科学院棉花研究所(1981)和江苏省农业科学院植物保护研究所、沿江地区农业科学研究所(1986)等单位先后报道,水稻、裸大麦、大麦、小麦、玉米和谷子等禾本科作物,以及早熟禾、看麦娘等禾本科杂草,还有紫苜蓿、白香和黄香草木犀等栽培牧草均未显示症状,也未分离到病菌,认为小麦、玉米等禾本科作物及紫苜蓿等栽培牧草均不是棉花黄萎病菌的寄主,可通过与棉花进行轮作倒茬,作为综合防治体系中的一项重要措施。

4. 棉花黄萎病菌的传播 棉花黄萎病的传播途径十分广泛。带菌棉籽、棉籽壳、棉籽饼、病株残体、病田土壤等均可作远距离或近距离的传播。

(1) 种子带菌传播 棉花黄萎病的远距离传播,主要借助于附着在种子上的病原菌进行扩散。但在棉籽带菌部位和带菌率方面不同于枯萎病,枯萎病棉籽内、外部位都带菌,带菌率较高。而黄萎病棉籽带菌问题,国内外有过一些研究报道,比较一致的结论是,黄萎病棉籽内部不带菌或带菌率很低,外部带菌率一般情况下也不高。1966年Evans等认为黄萎病菌能随棉籽传播,并主张对棉籽进行药剂处理,但指出棉籽带黄萎病菌是因为机械收花和机械剥绒,使得棉籽与病株的残枝、病叶混合污染,造成棉绒外面带菌。Savov(1979)试验证明,黄萎病菌容易从种壳上分离得到,而在种胚上未见有病菌,认为种子内部不带菌,在传病上不重要。但是,Shtok

和 Ikessis 的试验表明，棉花黄萎病菌侵染种子，主要造成种子外部带菌（短绒带菌率 4%～5%，种皮为 4%～21.5%），内部也有少量带菌（带菌率为 0.5%～1%）。

棉花种子携带黄萎病菌问题，我国科技工作者进行了大量研究。早在 1955～1958 年，仇元等对陕西泾阳黄萎病株采收的棉籽进行带菌率检查，1956 年泾阳斯字棉籽带菌率 5.9%；1957 年泾阳斯字棉黄萎轮枝菌出现率为 39.8%；1958 年对来自华阴、大荔等 4 个县 8 个点黄萎病株上的棉籽进行带菌率检测，结果黄萎轮枝菌出现率为 3%～23%，平均为 12.3%。

陈吉棣等（1964）选用棉籽饼粉酒精洋菜培养基，分离来自辽阳、临汾、安阳黄萎病株上的种籽，其带菌率分别为 5%、1.3%和 5.7%。在培养基上用肉眼可以观察黄萎菌的微菌核。纯化的黄萎病菌接种棉苗，可得到典型的黄萎病症状病株，证实了棉花种子可以携带黄萎病菌。陈吉棣等（1980）对黄萎病株棉种内部是否带菌问题进行了较详细的研究，研究方法是将 1964 年辽阳棉麻研究所采收的外部带菌率约 5% 的种子，用浓硫酸脱绒和自来水洗净，将饱满和不饱满的种子分别晾干，保存备用。分离时，种子用升汞灭菌，水洗数次。将种壳、种仁分别在培养皿内剪碎，注入培养基，培养 8～15 天后，记录生长微菌核的皿数。部分种子分别培养种仁、种壳、种膜、子叶和胚芽。在分离的 9 批共 1 144 粒饱满种子和 413 粒不饱满种子中，全部未长出微菌核。

1966 年在北京病圃内如前述方法，又严格选收维管束变褐的吐絮棉铃，用其种子进行内部带菌研究。分离方法为：①种子脱绒，充分洗净，0.1%升汞表面杀菌 2 分钟，无菌水换洗数次后，以 100 毫克/千克链霉素浸泡 24 小时。浸泡过程中搅动 2～3 次。②种子脱绒并洗净后，立即用 100 毫克/千克链霉素浸泡 24 小时。③种子脱绒后立即用流水冲洗 24 小时，以避免链霉素浸泡过程中，有霉菌污染。还可能降低种壳上抑菌物质浓度，有利带菌分离。

分离结果如表 2-9，其中分离饱满和不饱满种子共 4 049 粒，仅在第一种方法的 125 粒不饱满种子内，有 1 粒在种壳上长出相当多的微菌核，其余无论是种壳或种仁，均未长出微菌核，带菌率为 0.025%。三种方法没有差异，说明黄萎病种子内部带菌率极低。在正常情况下，棉花黄萎病主要是由种子外部带菌传播。这一方面与种子结构的特点有关，作为病菌通道的维管束，只从珠柄沿种脊而与种胚无输导系统联系；另一方面，当黄萎病菌通过外部棉絮发展到种壳，或通过输导系统侵入种基和种壳一侧的维管束时，首先受到种壳上含有较高浓度的单宁类物质的抑制作用而不能继续侵染。

表 2-9　病株成熟种子内部带菌分离

分离方法	分离日期（日/月）	剪碎				整粒			
		饱满		不饱满		饱满		不饱满	
		分离粒数	带菌粒数	分离粒数	带菌粒数	分离粒数	带菌粒数	分离粒数	带菌粒数
1	4/4～16/4(2 批)	142	0	125	1	—	—	—	—
2	19/4～15/5 (4 批)	168	0	378	0	64	0	110	0
3	23/5～21/7(8 批)	536	0	662	0	670	0	1194	0
共计	14 批	846	0	1165	1	734	0	1304	0

孙君灵等(1998)对棉花黄萎病种子带菌量进行了检测。方法是采集国内主产棉区新疆维吾尔自治区、山东、河北、河

南、安徽、江苏、湖北和四川等 8 个省(区)24 个县市的籽棉，采用每省(区)3 个县市，每县市随机采取样品 200 克，利用小型皮滚轧花机轧花，在每个样品轧花之前，均应用 0.1%升汞液和 70%酒精对轧花机作表面消毒处理。

从黄萎病菌孢子负荷量来看，所有检验单位的种子均携带黄萎病菌，但种子携带病菌不均匀，其中以江苏省的太仓市、东台市，四川省的仁寿县、乐至县、简阳市和湖北省的随州市、松滋市的种子携带黄萎菌较高，孢子负荷量均大于16.0×10^7个/克，特别是太仓市的种子孢子负荷量高达 102.11×10^7 个/克；其他单位的种子携带黄萎病菌孢子负荷量为 $2.0\times10^7\sim10.0\times10^7$ 个/克，其中山东省临清市孢子负荷量最低，仅为 2.19×10^7 个/克。

对四川省仁寿县的川棉 56 和新疆维吾尔自治区阿克苏市的中棉所 19 两个品种进行了棉花种子内部带菌量的检测，共分离 2 000 粒种子，均未发现黄萎病菌。这与 1970 年代陈吉棣等关于黄萎病种子内部带菌率极低的结论基本一致。

总之，棉花种子可以携带黄萎病菌进行远距离的传播，这一结论是肯定的，并且已被国内外大量调种而传播黄萎病所证实。

(2) *病株残体传播*　病株残体所带黄萎病菌在病害扩展蔓延上起重要作用，可以使局部地区迅速扩展。1964 年，中国农业科学院植物保护研究所在河北对黄萎病新鲜病叶、干枯病叶带菌及传病进行试验。结果表明，在无病棉田于 7 月 1 日和 7 月 25 日将黄萎病重病田病叶摘下，撒于无病田，第一次在 67 平方米面积棉田撒新鲜病叶 2 280 克(约 1 000 片病叶)，施后一周进行中耕。第二次于 7 月 25 日在同一棉田，撒病叶 6 500 克(约 2 500 片病叶)。8 月上旬以前，几次调查未见发病，9月3日发现处理区254株棉花中有7株发生了黄萎病（按外部症状）。9月24日增加至27株。10月30日收花时进行劈杆检查，已有91株得了黄萎病。这一结果可以说明，棉花生育前期黄萎病株的落叶可以引起健株当年发病。

1964年10月下旬，将病田落叶作室内分离，结果是叶柄、叶脉、叶肉带菌率分别为20.0%、13.3%和6.6%。同时还进行了枯干病叶接种盆栽试验。结果看到，每盆接病叶10片、20片、40片，发病率分别为10.0%、6.9%和29.0%，剖杆发病分别为55.0%、62.0%和79.1%。对照无病叶发病率均为0。1965年初，还在温室盆栽内做了病田落叶，病株根系和带菌大麦培养物三种不同接种物的致病力比较试验，干枯落叶每盆接种30克，约为32片落叶；病根每盆15克，约为20厘米土层内的2株根系；大麦带菌物每盆50克。接种物与土壤混合后装盆，每个处理5盆。12月26日播种，每盆留苗5株。盛蕾期与始花期进行了发病调查，结果看到，病田落叶、病株侧根、大麦带菌培养物黄萎病率分别为24.0%、20%和16%，剖杆发病率分别为72%、24%和16%，说明病叶比病株根系传病作用大。江苏省南通三余棉场调查连作棉田黄萎病逐年加重，种植感黄萎病品种，1年发病率0.1%，2年为1%，3年为10%，并开始出现发病中心，其主要原因是病株残体积累扩散的结果。前苏联学者格里希京娜的研究表明，病株的叶、茎和根（干重）的微菌核含量分别为$8.2\times10^4\sim7\times10^6$个/克、$2\times10^3\sim8.27\times10^5$个/克和$300\sim1.72\times10^5$个/克，而每平方米土壤只要有0.8个侵入体即可造成感病品种100%的发病。

（3）棉籽壳和棉籽饼传播　病棉籽壳和病棉籽冷榨油得到的棉籽饼是枯、黄萎病传播的主要途径之一，因此对病田采收的种子应加以严格控制，既不能作播种材料用，也不宜作饲料或肥料。

1973 年，河北省农业科学院植物保护研究所报道，带枯、黄萎病菌冷榨后的棉籽饼，通过牛和猪的消化系统后，病菌仍能存活，排泄的粪便还能导致枯萎病发病率 17.14%，黄萎病的发病率 23.16%。不少枯、黄萎病重病区，由于冷榨带菌棉籽饼的应用，使土壤菌量迅速增加，枯、黄萎病逐年加重。中国农业科学院植物保护研究所与湖北天门县植保站合作，1983～1985 年对带枯、黄萎病棉籽饼进行热榨消毒灭菌试验。结果表明，带枯、黄萎病菌的棉籽通过热榨处理，即棉籽经 60℃热炒 4 分钟，然后再经 100℃蒸气处理 1～1.5 分钟，制成的热榨棉饼，达到了彻底杀灭枯、黄萎病菌，预防棉饼带菌传病的效果。

(4) *带菌土壤及其他传病途径*　黄萎病菌在土壤中能形成休眠器官即微菌核，以抵抗不良环境。在连续种植寄主植物的情况下，黄萎病菌能长期存活。黄萎病菌在土壤里常常可扩展到棉花根系的深处，但大量的病菌还是分布在 30 厘米以内深度的耕作层(表 2-10)。

表 2-10　棉田不同深度土层棉花黄萎病菌发病情况

土层深度(cm)	7 月 11 日调查		7 月 31 日调查	
	发病(%)	病情指数	发病(%)	病情指数
0～10	60.00	34.38	95.00	56.25
10～20	37.50	17.50	70.00	45.63
20～30	22.50	13.14	17.50	11.88
30～40	0	0	2.50	0.63
40～50	0	0	0	0

续表 2-10

土层深度(cm)	7月11日调查		7月31日调查	
	发病(%)	病情指数	发病(%)	病情指数
50～60	0	0	0	0
60～80	0	0	0	0

黄萎病菌一旦在棉田定殖下来,往往就不易根除。生产实践证明,同一块棉田或局部地区内的病害扩散,多半是由于病土移动所致。此外,黄萎病菌可借水流扩散,雨后棉田过水或灌溉,能将病株残体顺水流传播,或带入无病田,造成病害近距离的扩散蔓延。在病田从事耕作的牲畜、农机具、容器以及人的手足同样也能传带病菌,导致局部地区黄萎病扩散。

5. 棉花黄萎病菌致病力分化及生理型 棉花黄萎病菌的寄主范围很广,不像棉枯萎菌具有明显的寄主专化性,常因环境条件的影响而产生新的生理类型。1966 年美国 Schnathorst 等根据不同菌系对棉花致病的严重程度和致病类型,将其分为引起棉花落叶的落叶致病型(T_1,后改 T_9)和温和的非落叶致病型(SS_4)。前苏联波波夫(1974)和雅库特金(1976)认为,苏联棉花黄萎菌存在 0、1、2 等 3 个生理小种。20 世纪 70 年代末,我国棉花枯、黄萎病协作组将采自 8 个省、市、自治区的黄萎病菌,以陆地棉、海岛棉、亚洲棉 3 大棉种的不同抗、感品种为鉴别寄主,将我国棉花黄萎病菌划分为三个生理型:

生理型Ⅰ:致病力最强,以陕西泾阳菌系为代表,在 9 个鉴别寄主上均表现感病。

生理型Ⅱ:致病力弱,以新疆维吾尔自治区和田、车排子菌系为代表。

生理型 III：致病力中等，广泛分布于长江和黄河流域棉区。

1983 年陆家云等首次报道在江苏南通、常熟局部地区发现了与 T_9 落叶型菌系致病力十分相似的黄萎菌落叶型菌系，在非落叶型菌系中又区分出叶枯型和黄斑型两个致病类型。1993、1995、1996、2002 和 2003 年棉花黄萎病接连严重发生，尤其是在北方棉区出现了大片落叶成光秆和死株的病田，与典型的落叶菌系危害症状十分相似。

石磊岩等(1993)以具有代表性的棉花黄萎病菌系与美国落叶型菌系 T_9 进行比较研究，根据各菌系对海岛棉、陆地棉和中棉三大棉种在不同鉴别寄主上的表现，划分出强、中、弱三个类型，其中落叶型菌系致病力最强，明显大于非落叶型菌系的致病力，并证实我国江苏常熟菌系 V_B 为落叶型菌系。吴献忠等(1996)报道，采用鲁棉 1 号、苏棉 1 号品种对山东的 20 个代表菌系进行致病力测定表明，山东的棉花黄萎菌系多属于致病力中等的 II 型，致病力强的 I 型和致病力弱的 III 型均较少。另外，在山东一些重病田发现了强致病力的落叶型菌系，所分离到的 SD_5 和 SD_{13} 与国内的 VD_8 和美国的 T_9 致病力相似。

1997 年石磊岩等对采自河南、河北、山东、陕西、辽宁等北方棉区的 34 个黄萎菌系进行致病性测定，将 27 个菌系鉴定为落叶型，其中有些菌系致害棉株的落叶程度与美国 T_9 相当或更重。

此外，在 80 年代后，王清和、马峙英、王杰、朱荷琴、宋晓轩、田秀明、顾本康、刘西钊、朱有勇等对特定地区，如山东、河北、河南、山西、江苏、湖北、四川、云南的棉花黄萎病菌致病力分化及类型分别进行了研究，结果显示，各地的菌系均存在致病力分化现象，并且大多数地区存在落叶型菌系。

传统的棉花黄萎病菌“种”及致病类型的鉴定主要以病菌形态、生理特性及其在鉴别寄主上的致病反应等特征为依据，而这些特征往往易受环境及人为因素的影响，加之黄萎病菌自身的变异，使致病力的划分难以体现其遗传本质上的差异。随着现代科学技术的发展，人们开始借助于遗传学、生物化学、分子生物学等先进的手段对传统的病原菌分类进行验证，如营养亲和性、血清学、凝胶电泳、DNA 指纹图谱和分子标记等方法。

6. 棉花黄萎病菌土壤带菌检验 棉花黄萎病是重要的土传病害，病原菌主要以微菌核的形态在土壤中越冬，病害的发生发展与微菌核在土壤中的数量有密切关系。

Pullman 等(1981)用聚乙烯薄膜覆盖在有棉花黄萎病的病田上，暴晒使土温升高，杀死病田的接种体，连续 14～66 天，可以减轻或者完全消除病害的发生。Pullman 等(1982)连续 7 年调查认为，5 月份病田黄萎病接种体的量与发病高峰 9 月中旬的发病率存在密切关系，当气温适宜时，随着连作年份增加，病害逐年加重，连作年份与病害呈现密切正相关，而其相关直线的斜率大小，在接种体量不超过 40 个/克时，与黄萎病菌接种体量存在相关关系。

(1) *土壤黄萎病菌分离方法* 吕金殿等在 1983～1986 年研究了土壤黄萎病菌的分离方法，对 Evans Snder(1966)的培养基作了改良，即增大了牛胆盐成分，加大了链霉素的用量，结果对土壤棉黄萎病菌微菌核显示出较强的选择性能。

①培养基制备：马铃薯 200 克，琼脂 17 克，葡萄糖 5 克，蒸馏水 1 000 毫升，高压灭菌冷却至 45℃时，按每 100 毫升培养基分别加入牛胆盐和链霉素各 50 毫升。

②分离方法：

第一，洗涤微菌核。取自然风干过筛的病田土样100毫克，置盛200毫升含有1%六偏磷酸钠无菌水的三角瓶内，摇动10分钟后，静止5分钟，弃上清液，留残渣液20毫升于瓶底，连续洗涤5次。将最后一次的20毫升残渣液置于培养基上，每皿1毫升，均匀涂抹于表面，24℃左右培养10～15天。

第二，观察微菌核。培养皿背面肉眼看到菌落时，用蜡笔做出标记，再用低倍镜观察鉴定，显微镜下确认的棉花黄萎病菌微菌核移出纯化，经再接种棉花，表现典型的棉花黄萎病症状。

病菌在土壤中的垂直分布试验说明，棉黄萎病菌微菌核主要分布在0～40厘米土壤内，与取不同层的病土盆栽致萎试验结果一致。1984年每月中旬取病圃0～20厘米层内的土样分离，结果6、7月份微菌核含量分别为705和170个/克土样，比其他月份均多。与6、7两月为棉黄萎病田间发病盛期一致，可见，病害的发生发展与土壤微菌核数量密切相关。1984～1985连续两年试验结果，覆地膜棉田微菌核462个/克土样，不覆地膜的387个/克土样。连茬棉田比轮作棉田土壤内微菌核的数量多。1986年5月15日采样分离，连作棉田与轮作棉田微菌核分别为80个/克和50个/克土样。1984年9月8日分离发病率分别为15%和25%的两块棉田的土样，前者微菌核30个/克土样，后者180个/克土样。说明田间发病轻重与土壤微菌核的多少是一致的。

籍秀琴等(1988)在80年代中期，对从土壤中分离棉黄萎病菌的培养基及分离方法进行了多年研究，从几十种培养基中，筛选出一种良好的生长黄萎病菌微菌核选择性培养基，定名为棉选1号。培养基成分：$NaNO_3$ 2克，$MgSO_4 \cdot 7H_2O$

0.5 克，K_2HPO_4 1 克，$Fe_2(SO_4)_3 \cdot 7H_2O$ 0.01 克，KCl 0.5 克，蔗糖 5 克，琼脂 15 克，蒸馏水 1 000 毫升，氯霉素 300 毫升，井冈霉素 2.5 毫克/千克，五氯硝基苯 350 毫克/千克，克菌丹 0.5 毫克/千克。

土样采用 5 点取样法。从棉花黄萎病圃耕作层 0～20 厘米深处采取病土，每点 100 克，5 点共采集 500 克病土，置室内自然风干 5 天左右，将风干土样倒入消毒搪瓷杯内并加入 10 枚 1～1.2 厘米大小的洁净卵石，振荡 15 分钟，使土样粉碎，然后称取上述土样 2.5 克，共 6 份，每份土样分别放入 200 毫升，内含 1%多聚磷酸钠及 0.01%Tergitol－NPX 的水溶液内，依次倒入组织搅拌器内，以 8 000 转/分搅拌 15 秒，然后将此土壤悬浮液倒入上层孔径为 0.125 毫米、下层孔径为 0.0385 毫米的双层细筛里，在水流下将泥土冲洗干净，用吸管吸取 10 毫升无菌水，将下层洗好后的残渣冲洗到消毒的培养皿内备用。将洗好的 6 份土壤残渣液，每份均匀涂抹于 5 个盛有供试培养基平皿的表面，并将平皿置 24℃～25℃恒温箱内培养 14 天后取出，用自来水洗去平皿表面泥土，再用肉眼或低倍显微镜进行检查。

③计数方法：平板每个黄萎病菌落假设来源一个单个微菌核，计算 5 个平板上的菌落总数，即等于 2.5 克土样中的微菌核数。

棉花黄萎病菌在棉选 1 号培养基上，菌落为黑色，稍呈油渍状，菌落大，中心稍凸起，微菌核丛生向四周放射状生长。易与其他菌落区别，肉眼或放大镜即能检验，在低倍显微镜下观察，可清晰的看出病菌的菌丝膨大，胞壁增厚呈放射状向各方芽殖形成的黑色微菌核，以及病菌的轮状着生的分生孢子梗和梗端的孢子球。且棉选 1 号培养基抑制杂菌效果也很强。

用棉选1号检测取自河南新乡连作年限不同的土样，结果显示，连作2年和4年每克土样有微菌核分别为2个和26.4个，而连作7年和20年的土样，分别为49个和54.8个。

（二）棉花黄萎病的流行规律

棉花黄萎病田间发病轻重程度与棉花品种自身抗病性、土壤中病原菌的多少，致病力强弱及环境条件等多种因素有关。

1. 生育期和植株密度对黄萎病的影响 棉花黄萎病的发生时期与棉花生育期有密切关系。据前西北农业科学研究所试验，从4月15日到7月15日每隔半月进行一次播种，共播7次。结果表明，不论播期早晚，只有现蕾期才发病，生育后期发病较前期为重。其他研究者也取得了相似的试验结果（保定农专 1973；山西省棉花研究所 1977）。北方棉区多年调查表明，在自然条件下，田间棉花黄萎病的病害发展趋势略呈“马鞍形”，开始病情发展快，甚至成倍增长，至7月下旬至8月上旬病情发展就缓慢，过后又出现较快的上升，直到高峰期后逐渐稳定，形成了急剧增长→缓慢发展→再次上升的发病规律。

种植密度对黄萎病的危害程度有一定影响。国外研究认为，在常规密度的基础上，增大种植密度能降低棉花黄萎病发病率。Blank（1965）试验，棉花种植密度5 670株/公顷的常规密度增加到17 010株时，黄萎病发病率仅为7%～15%，产量提高5.3%。

2. 耕作栽培措施及水、肥条件对黄萎病发生的影响 棉花的生长发育除需要适宜的气候条件外，良好的栽培措施也是棉花正常发育的必备因素。例如，按照棉花不同发育阶段要求，合理施肥灌水等，可促进棉花健壮发育。但当营养、水分失调时，则棉花生长不良，抗病性降低。而且，不良的栽培措施往往有利于病菌的滋生。研究栽培措施与病害发展的关系，就是要尽量创造有利于棉花生长发育而不利于病菌生存或侵染的条件，以达到控制病害的目的。

棉花黄萎病的发病与田间土壤、地势、地下水位、施肥等有较密切的关系。灌溉不当，排水不良，施肥不合理，能促使病害的发展。地势低、地下水位高的田块，发病较重。一般情况下棉区夏季多雨或大水漫灌，容易降低气温和地温，影响根部呼吸，有利于病害的发展。1963 年，新疆维吾尔自治区农业科学院在吐鲁番调查的结果（表 2-11）说明，棉田地势和地下水位高低与黄萎病发病的关系是很密切的。

表 2-11　棉花黄萎病发病与棉田地势、地下水位高低的关系

队名	品种	地势	地下水位	发病率(%)	病情指数
红星大队	108 夫	较高	5m 以上	5.27	2.6
高潮大队	108 夫	较低	2～3m	15.10	10.6

西北农学院(1953)调查，也证明棉花黄萎病的发生危害与地下水位有一定关系。例如，地下水位在 8 米以下和 1.7 米以上的棉田，发病率分别为 10.12%及 23.13%。

棉花黄萎病菌对土壤酸碱度的适应范围为 pH 7.2～8.2，但在 pH 5.5～8.5 的范围内均可发病，而以中性及微碱性土壤发病严重。辽河流域棉区的调查表明，在土壤酸碱度为 pH 5.5～8.2 的范围内均能发生黄萎病。陕西关中棉区土壤 pH 7.2～8.2 时发病较重，但重碱地多不发病。

肥料对棉花黄萎病的消长有一定影响，氮肥有促进黄萎病轻病株恢复生长作用。据吕金殿(1965)报道，在瘠薄土壤里增施氮肥，对黄萎病有减轻危害作用。用1%地硝铵水浇灌田间自然发病地黄萎病轻病株，于生长后期调查，原病株恢复为正常棉株(无外部症状)占浇灌病株67.5%，开花结铃与健株差异不明显(表2-12)。

表2-12　硝铵浇灌对棉花黄萎病株的影响

	株高(cm)	果枝数	果节数	蕾数	花数	铃数	脱落(%)
浇灌，轻病株	70.2	8.2	13.0	19.0	2.2	8.6	11.9
未浇灌，健株	75.8	9.6	20.8	18.5	2.5	10.0	12.6
未浇灌，病株	44.2	5.2	8.7	4.0	1.3	5.3	17.9

土壤里含钾量高，黄萎病轻，多施钾肥有助于减轻危害。磷的作用取决于氮和钾的水平，将氮、磷、钾配合适量施用，可起到控制病害，增加产量的作用。美国1970年代初期试验结果认为，氮、磷、钾的配比为1∶0.7∶1，对减轻棉花黄萎病是适宜的。根据前苏联报道，苜蓿作基肥可促进土壤中有益微生物的繁殖和活动，从而减轻黄萎病的发生。

总之，棉田地势低洼，排水不良的地方或灌溉棉区，黄萎病发生较重。灌溉方式和灌水量影响发病，大水漫灌起着传播病菌的作用，造成土壤含水量过高，根系呼吸作用受阻，不利于棉株生长而有利于病害的发展。根据新疆维吾尔自治区对不同灌溉方式对棉花黄萎病的影响，结果表明，滴灌地、喷灌地黄萎病发病较淹灌地早10天左右，从整体发病速率上看，由高到低依次是淹灌地、喷灌地、滴灌地，当到达发病高峰时，淹灌地发病最重，喷灌地次之，滴灌地最轻。营养失调是促使寄主感病的诱因，氮肥是棉花不可少的营养，但偏施或重施氮肥，有明显促进病害发展的趋势。

3. 气象条件与黄萎病发病的关系 棉花黄萎病的发生消长变化，除了与病菌致病力及棉花品种抗病性有关外，同时还受气候条件主要是气温、雨日、雨量和湿度等因素的影响和制约。如果土壤中已积累一定数量的黄萎病菌，连续种植感病品种再加上耕作栽培措施不当，气候条件又适于发病的情况下，病害就会猖獗发生，造成严重损失。

气候条件与黄萎病发病的关系，是黄萎病菌、寄主植物棉花及温、湿度之间相互影响、相互制约的关系。棉花是喜温作物，在低温、多雨、高湿的气候条件下，生长缓慢，抗病力降低。所以，遇上有利于病菌繁殖而不利于棉花生长的生态环境，种植的又是感病品种，就会导致棉花黄萎病严重发生。

在北方棉区，黄萎病发病高峰时期（7～8 月份）一般都具备有适合发病的温度（26℃～28℃）、降雨量和湿度，这些条件常常成为影响病害发展的重要因素。陕西省农业科学院植物保护研究所 1963 年的调查资料说明，陕西泾惠灌区的老棉区，7、8 月份在适宜的气温条件下，两块地土壤相对含水量为 40％～60％和 60％～80％，发病率分别为 10％和 56.6％，表明土壤含水量高对棉花黄萎病发生有利。试验还指出，在种植感病品种的情况下，将地温与土壤含水率对发病的影响相比较，以土壤含水率影响较大。例如，连续灌水处理比正常灌水处理的平均土壤含水率增加 11.6％，地温降低 1.4℃，发病率增加 37％；相反，地面覆盖塑料薄膜比正常灌水处理的平均土壤含水率减少 7.13％，地温升高 0.11℃，发病率降低 15.17％。这说明在温、湿度均适合发病的情况下，黄萎病发病程度又与棉花品种、栽培措施有密切的关系。

南方棉区黄萎病的消长与气候条件的关系，在受气温、湿度影响方面与北方棉区基本一致。但是，黄萎病 20 世纪 30

年代末传入我国以后，北方棉区在50～60年代发病已经比较严重，而长江流域棉区发病面积一直比较小，受害也较轻，如江西省棉区至1982年尚未有黄萎病的危害，湖南省棉区黄萎发病也较零星。因此，70年代末开始对气象条件，尤其是温度对黄萎病发生消长的影响进行了较多的研究。

4. 温度对黄萎病的影响

(1)病原菌生长发育与温度的关系　黄萎病原菌大丽轮枝菌生长适宜温度为22.5℃～25℃，32℃时生长十分缓慢。黄萎病菌的侵染、传播主要靠分生孢子及微菌核。大丽轮枝菌在PDA培养基上，20℃～25℃产生分生孢子最多，15℃和30℃时，分生孢子产生速度大大下降，在5℃和35℃时，不产生分生孢子。由于温度直接影响病菌的生长繁殖能力，所以高温可明显控制病害发生，高温持续时间长，病菌基本丧失活动力，其侵染能力受到抑制，病害难以发展。

(2)田间发病和地理分布与温度的关系　黄萎病于20世纪30年代末传入我国，初期仅在陕西泾阳、河北唐山、辽宁辽阳、山东高密等地发生，有的县发病已较严重。1957年，尹莘耘根据我国棉区黄萎病普查资料分析，认为黄萎病的分布和发展，与夏季温度的关系尤为密切。陕西、山西、河北、辽宁等省的棉区，6～8月份的温度大多在32℃以下，适合于黄萎病的发展，所以发病严重。1960年代初期，黄萎病传入江苏、四川、安徽、湖北等地，由于这些省份夏季气温较高，黄萎病扩展蔓延较慢。

根据1975年前后各省普查结果，并在每省选一个发病重、气候有代表性的县，计算黄萎病发病期间平均气温，进行比较。从表中可以看出，各地棉黄萎病的发病率，有随着气温升高而下降的趋势。长江流域棉区6个省，气温在26.2℃～

27.1℃之间，温度较高，黄萎病仅零星发生，甚至有的省查不到病株。

表 2-13　1975 年前我国主产棉省(市)黄萎病发病面积与气温比较表 *

省　市	棉田面积（万公顷）	黄萎及枯黄萎混生面积（万公顷）	病田占总面积(%)	代表县	平均温度（℃）
辽　宁	13.3	2.3	17.5	辽　阳	23.0
陕　西	26.3	9.3	35.3	三　原	24.9
山　西	25.5	3.8	14.8	翼　城	24.3
河　北	56.8	1.6	2.8	石家庄市	24.7
山　东	62.0	1.1	1.8	临　清	25.0
河　南	56.7	0.9	1.5	新乡市	25.5
安　徽	33.3	0.1	0.37	东　至	26.9
湖　北	60.0	零星发病		天　门	27.1
四　川	27.3	零星发病		射　洪	26.2
江　苏	58.7	零星发病		常　熟	26.7
上　海	9.5	无发病报道		南　汇	26.5
浙　江	8.1	无发病报道		慈　溪	27.1

* 注：①表内发病面积、温度数据分别由各省市农业局及县气象站提供。②温度数字采用 1978 年以前 15 年左右旬平均数，计算方法是，6 月下旬至 9 月中旬平均温度之和，再除以 9

从上述资料看出，对于黄萎病来说，温度是一个特别重要的环境因素。我国北方夏季温度低，黄萎病菌长期处于适宜的温度条件下，繁殖快，棉株发病率高，并且土壤内菌量逐年积累，病菌随种子、残体、耕作等迅速传播蔓延，容易造成病害大流行。而在我国南方，黄萎病菌长期处于不适宜生长繁殖的高温条件下，棉株发病率低，常出现隐症现象，土壤内菌量积累及传播都较慢，一般也不易造成大流行。

气温是影响黄萎病发病程度的主要气象因素。但黄河流域棉区，旬平均气温27℃以上是抑制黄萎病出现隐症的临界温度，而长江流域棉区是旬平均气温28℃以上。长期以来北方棉区黄萎病发病重于南方棉区的主要抑制因素就是温度的差异。湖南、江西两棉区黄萎发病更轻，两省夏季气温高也是主要原因；近20多年，每年有数十个棉花育种单位，携带有菌棉种到海南省三亚等地繁种，但至今未见三亚发生枯、黄萎病的报道，其原因应该是，棉花收获后夏季种植水稻，长时期的高温和淹水，使黄萎病菌在当地不能存活，仅靠种子带菌不可能造成枯、黄萎病的大量发生和危害。我国棉区辽阔，气象条件复杂多变，上述棉花黄萎病流行规律仍不够全面的，应进一步深入研究。

第三章　棉花枯萎病

棉花枯萎病[*Fusarium oxysporum* f. sp. *vasinfectum* (ATK.)Snyder et Hansen]是世界性的危险性病害，对棉花造成严重威胁。Atkinson 于 1891 年首先在美国发现并报道了这一病害，定名为 *Fusarium vasinfectum* ATK。后陆续在其他主要产棉国家和地区相继有发生和危害的报道。至今枯萎病仍然是棉花生产中十分突出的问题。

一、棉花枯萎病的发生概况

(一) 棉花枯萎病在国外的分布与危害

1891 年 Atkinson 在美国亚拉巴马州首先报道了棉花枯萎病，随后很快就在其他几个州发现，后来发展到整个棉花带。沈其益在其 1936 年出版的《中国棉作病害》一书中描述："枯萎病为美国及埃及等国限制棉产之严重问题。每年该处棉产蒙受重大损害，因之，近年国外研究此种病害者甚多。"60 年代早期，在美国德克萨斯西部和加利福尼亚低海拔的地区以及新墨西哥州就发现了枯萎病，但并不是最先在这些地方出现的，也没有引起人们的注意(Blank，1962)。加利福尼亚最早记载有棉花枯萎病是在 1959 年(Garber 和 Paxman，1963)，那时枯萎病相对比较少，但是 20 世纪 70 年代后，枯萎病的危害逐年加重。

20 世纪 80 年代末，美国已开始在全国范围内进行棉花枯萎病危害产量损失评估，1989年估计损失皮棉0.2%（Blasingame，1990）。也有报道重病年损失皮棉1.05亿千克。虽然在大多数产棉国总产量损失不大，但是单个的农场的损失可能会很大。该病在流行时，不仅可以直接造成经济损失，而且还通过影响农民们种植棉花的信心，从而间接造成损失。

早期报道棉花枯萎病的国家有埃及，早在1902年就有记载。1920年代，埃及由于推广一种Sakel的棉花品种，棉花枯萎病开始普遍发生。同期东非也有棉花枯萎病的报道。1904年在坦桑尼亚和1931年乌干达关于棉花枯萎病的报道都不能得到证实，也可能是不正确的。1954年，坦桑尼亚鉴定发现了棉花枯萎病存在，并开始迅速蔓延。10年后，坦桑尼亚棉花枯萎病的危害已相当严重，以至于在整个国家育种上必须调整抗性选择。至80年代后期，坦桑尼亚西部大部分产棉区已有枯萎病的发生（Hillocks，1984；Kibani，1987）。

在印度，棉花枯萎病的记录最早要追溯到1908年（Kulkarni，1934），随后的调查显示，在印度的许多产棉区棉花枯萎病的危害已相当严重。在苏丹，棉花枯萎病在1960年才被鉴定证实，但是该病在很多年前就已经存在了（El-Nur和Fattah，1970）。苏丹采取了有效措施来限制棉花枯萎病的蔓延和危害，收到了一定的成效，但是在Gezira的部分地区仍然危害严重（Yassin和Daffalla，1982）。

70年代初，棉花枯萎病在以色列（Dishon和Nevo，1970）和津巴布韦（R. J. Hillocks）也严重发生。在津巴布韦，棉花枯萎病被列为众多植物病害之一（Rothwell，1983），在该病被正式报道之前，曾有过一些记录，但是都无法证实。1987年，在津巴布韦Kadoma棉花研究所和Sanyati农庄采集到两个分离物，通过致病性测定的方法，鉴定出这两个分离物均为枯萎镰刀菌，即为棉花枯萎病的病原。

90 年代初，枯萎病的最后一块净土澳大利亚也出现了棉花枯萎病(Allan，1992)，并迅速在其棉花种植地区蔓延，目前已发展成为仅次于角斑病的第二大病害。

关于枯萎病危害产量的损失，早期已有报道，Ware 和 Young(1934)调查研究认为，植株发病死亡率 10%应该作为一个经济阈值，如高出这个数字，将会给产量带来负面影响。Chester (1946) 估计，植株死亡率在 60%之内，死亡率每增加 5%，产量就要大约损失 3%。至 90 年代初，枯萎病已在全世界范围内所有产棉区普遍发生。它是中国主要产棉区(Cook，1981)以及前苏联部分地区(Menlikiev，1962)的主要病害。

21 世纪初，棉花枯萎病的发病地区已遍及亚洲、非洲、北美、南美及欧洲等地，包括印度、巴基斯坦、缅甸、伊拉克、老挝、中国、埃及、扎伊尔、埃塞俄比亚、加蓬、乌干达、乍得、南非、苏丹、坦桑尼亚、美国、加拿大、阿根廷、巴西、秘鲁、乌拉圭、委内瑞拉、圣文森特岛、英国、法国、希腊、意大利、南斯拉夫和原苏联以及澳大利亚等，几乎已遍及世界各植棉国家。

(二) 棉花枯萎病在我国的分布与危害

我国棉花枯萎病的报道，最早是 1931 年冯肇芳首先在华北地区发现棉花枯萎病；1934 年，黄方仁报告枯萎病在江苏南通发生和危害；1936 年，沈其益在《中国棉作病害》中写到："吾国棉田受枯萎病侵害而成之强烈征候尚少发现，南通曾一度发生，然以后即无报告。据本所调查，除于南京、上海等地发现轻微病象，经分离接种已证实为枯萎病外，亦未见任何严重之情形。”

20 世纪 30 年代枯萎病传入我国以来，随着棉花种子繁殖、调运和推广，病区逐年扩大，危害也日趋严重。到解放初期，棉花枯萎病已扩大到 11 个省市，其中陕西渭惠灌区，由兴平至咸阳一线和泾惠灌区的局部棉田，山西曲沃、临汾一线，四川涪江流域两岸的射洪、三台等县，江苏的南京、启东和上海市，辽河流域的盖平、营口，河南栾川，安徽肖县，浙江慈溪，云南宾川，河北正定等地发病较为集中，但尚未对棉花生产构成威胁。

据 1965 年全国棉花枯、黄萎病会议统计，全国有 18 个植棉省的 372 个县，不同程度的发生枯萎病。局部地区危害已十分严重，如四川的射洪，陕西泾惠灌区的三原、泾阳、高陵等县已造成大面积的绝产。

20 世纪 70 年代初至 80 年代中期，是我国棉花生产面积及产量迅速扩大和提高的时期，也是棉花枯、黄萎病扩展蔓延最快，危害最严重的时期。

1972 年全国统计，18 个植棉省 638 个植棉县中，有 408 个县发生枯、黄萎病，占植棉县的 62%以上。132 个棉花原种场有 104 个发生枯、黄萎病。辽宁、河北、河南、山西、山东、四川、湖北、江苏、浙江、安徽、江西、云南、陕西、甘肃、新疆维吾尔自治区、贵州、北京、上海等 18 省(市、自治区)均有不同程度的发生枯、黄萎病。其中浙江、江西为枯萎病区，甘肃、安徽、贵州为黄萎病区。其他各省(市、自治区)枯、黄萎病混合发生病区，发病面积约 30 万公顷。

1977 年统计全国 21 个植棉省发生枯、黄萎病情况，浙江、江西为枯萎病区；甘肃、贵州为黄萎病区，其余各省(市、自治区)均为枯、黄萎病混生区。全国枯、黄萎病发生面积为52.8万公顷,占全国植棉面积480万公顷的11%。其中枯萎面积10.1万公顷,黄萎9万公顷,枯、黄萎病混生面积33.7万公顷。绝产面积达1.3万公顷,重病田面积14.7万公顷,损失皮棉0.5亿千克以上。1978年发病面积57.2万公顷,占普查面积的12%。1979年发病面积71.7万公顷,占统计面积的18.2%。

80年代初,棉花枯、黄萎病发病面积迅速扩大,危害十分严重。在河南豫北、山东潍坊、陕西泾惠灌区、四川射洪、江苏常熟等老的高产植棉区,出现因枯萎病大面积绝产田。根据各有关部门反映及全国棉花枯、黄萎病综合防治协作组的报告和建议,1982年国务院办公厅以"关于做好棉花枯、黄萎病检疫和防治工作的通知"下达开展全国棉花枯、黄萎病普查。在全国协作组、全国植保总站及有关省植保部门的共同努力下,1982年开展了全国性的枯、黄萎病普查。结果显示,从枯、黄萎发病县看,1982年比1963年有明显的增加(见表3-1)。枯萎病1963年南、北方棉区总发病县为75个,1982年扩大到595个。黄萎病1963年发病县201个,1982年扩大到477个。1982年普查面积474.1万公顷,枯、黄萎病发病总面积148.2万公顷,占31.3%,其中枯萎病面积91.4万公顷,枯、黄萎病混生面积61.5万公顷,绝产面积2.1万公顷,损失皮棉1亿千克以上。其中河南、河北、山西、陕西、江苏、四川等省的枯、黄萎病发病面积接近或超过6.7万公顷。

表 3-1　棉花枯、黄萎病在南、北方棉区扩展蔓延概况比较

省(市)名	南方棉区				省(市)名	南方棉区			
	枯萎病		黄萎病			枯萎病		黄萎病	
	1963	1982	1963	1982		1963	1982	1963	1982
江苏	3	49	3	23	河南	5	80	10	79
四川	13	47	1	12	山东	1	72	5	55
湖北	6	43	6	41	河北	0	69	43	61
安徽	1	35	1	10	陕西	18	43	普遍	43
浙江	2	26	0	5	山西	14	37	39	37
湖南	0	20	0	20	辽宁	7	15	25	15
江西	0	16	0	0	新疆维吾尔自治区	1	10	30	52
广东、海南	0	2	0	1	甘肃	—	4	28	4
云南	2	2	—	—	宁夏	—	—	8	—
贵州	—	—	1	—	北京	0	10	1	14
上海	2	10	0	2	天津	—	3	—	3
总计	29	250	12	114	总计	46	345	189	363

* 1963 年的发病县数为农业部植物保护局提供

* * 1982 年的发病县数引自农牧渔业部全国植物保护总站编的《植物检疫对象分布名单》

80 年代大力推广抗枯萎病棉花品种，而抗病品种的棉种也可能携带少量枯萎病菌，使枯萎病发病面积进一步扩大，但是由于抗病品种在枯萎重病田发病也很轻，到 80 年代末枯萎病的严重危害已得到控制，90 年代以后的发病面积也就无法统计了。从枯萎病传入，到蔓延扩展，到严重危害最终被控制，可以把我国枯萎病分成以下 4 个阶段：第一阶段，1930 年

代到中华人民共和国成立止为传入阶段;第二阶段,1950～1960年代为扩展蔓延阶段;第三阶段,70～80年代为进一步扩展蔓延及严重危害阶段;第四阶段,1990年代以后为控制危害阶段。但随着转基因抗虫棉的大面积推广应用,进入21世纪后,棉花枯萎病有重新发展趋势。近年来,随着抗虫基因向我国原有高抗品种的转育成功,该病的发展的趋势被有效的扼制。

(三)棉花枯萎病的症状类型

棉花枯萎病菌能在棉株整个生长季节侵染危害。在自然病田,棉花播种后一个月左右即可观察到发病株,在重病田发病比轻病田早,重病田在植株子叶期或一片真叶期即可发病,并造成死苗。棉苗4～5片真叶为发病高峰期,黄河流域棉区大部分棉田枯萎发病高峰期在6月中下旬,即棉苗现蕾前后,重病田会出现成片死苗,造成缺苗断垅,严重时造成绝产。7月初,随着高温季节来临,棉花植株生长势加强,而病菌在植株体内扩展危害受到抑制,病势逐渐减弱,落叶成光杆的重病株,只要生长点完好,还可很快长出叶片和枝条,出现症状隐蔽。秋季多雨,气温下降,病菌在植株体内侵害旺盛,部分植株再度出现明显症状,有不少书籍上称之为枯萎病发病的第二个高峰,但作者认为,称第二个高峰是不恰当的,因为后期枯萎病症状明显者仅是少数重病株,多数病株无明显症状,尤其90年代以后,大面积种植高抗枯萎病品种,后期不易看到枯萎病株,更不会形成第二个发病高峰期。

棉花受枯萎病危害虽有自己的典型症状,但由于棉花品种抗病和感病特征不同,棉株生育阶段不同,病原菌致病力强弱不同以及其他环境因素的作用和影响,又常表现出不同的症状类型。因此，棉花枯萎病的症状较为复杂多变。

1. 苗期症状 枯萎病在子叶期即可发病。在田间土壤含菌量大，种植感病棉花品种的条件下，一般发病较早。棉花苗期至现蕾期所呈现的症状，受气候条件及环境影响较大。如条件适宜，多数病株呈现黄化型或黄色网纹型，在4～6片真叶期多数病株节间变短，叶片皱缩，出现皱缩型。由于枯萎病苗期症状受品种、气象条件等影响，症状变化较大，人为的将症状分为下面五种类型，有时同一病株可能存在两种甚至三种症状类型。

(1)黄化型 黄化型是苗期枯萎常见的症状，棉苗子叶期或一片真叶期即可发病，开始多从叶片边缘失绿变黄，叶片变软，一般是叶片一半变黄，逐渐扩大到全叶，病叶逐渐干枯，落叶。3～5片真叶期开始往往是半边叶片发病，逐渐发展成全株叶片发病，干枯，落叶成光杆，枯死，重病田造成大面积绝收。剖开茎部，维管束变成深褐色。

(2)黄色网纹型 与黄化型症状相近，子叶或真叶从边缘开始退绿变黄，叶片一半或大半边变黄，叶脉变黄，叶肉保持绿色，呈黄色网纹状。叶片逐渐凋萎，干枯，落叶，重病株落叶成光杆，枯死。叶柄、茎部维管束变成深褐色。

(3)青枯型 病株苗期的子叶或真叶突然失水，叶色稍呈深绿，叶片变软，下垂，最后植株可成青枯干死，但叶片并不脱落。雨后或浇水后，重病田会出现青枯型病株。剖开茎部，可见维管束变成深褐色。

(4)紫红型 在早春气温偏低且不稳定的条件下，患病棉株的子叶或真叶局部或全部变成紫红色。在叶片上出现紫红色块斑或整个叶片变成紫红色，随着病情的发展，叶片枯萎、脱落，植株死亡。紫红型的叶脉多数呈黄色，紫红的叶片及黄色网纹可同时存在一片病叶上。茎部维管束变成深褐色。

(5)皱缩型　受病植株于5～7片真叶期，顶部叶片往往发生皱缩、畸形，叶色显现深绿，叶片变厚，棉株节间缩短，病株比健株明显变矮，但一般并不枯死。黄色网纹型、黄化型及紫红型的病株，都可能发展成为皱缩型病株。

上述各类症状类型病株的内部病变，是在根部、茎部、叶柄的导管部分变为黑褐色或黑色。在根、茎、叶柄纵剖面木质部，有黑色或深褐色条纹，即为受病菌侵染后变色的维管束部分。病株茎杆往往变得矮缩、畸形，与健株有明显区别。

各种不同症状类型病株的出现与环境条件有密切关系。一般在适宜发病条件下，特别是在温室内做接菌试验，病株多表现为黄化型或黄色网纹型症状。在大田中，遇气温较低时，病株会出现紫红型或黄化型；而在气温急骤变化下，如雨后迅速转晴、变暖，日光暴晒强烈，则容易出现青枯型病株。

2. 成株期症状　棉花枯萎病成株期症状表现颇不一致。常见的枯萎病株矮缩。这些病株叶片深绿，皱缩不平，病株叶片较健株叶片变厚、粗糙，叶缘向下卷曲；主茎和果枝的节间短缩，有时呈现扭曲。有些棉株患病后，半边表现病态，而另半边仍可正常生长，形成半边枯萎。感病严重的棉株，早期枯死。感病较轻的棉株仍可带菌存活。夏季高温有利于棉株生长而不利于病菌的扩展，轻病株顶端长出新的枝叶，仔细观察可以看到中部有深绿色的皱缩病叶。这些病株结铃少，产量低。8月份多雨，气温低，不利于棉株生长而有利于枯萎病菌的扩展，在枯萎重病田可看到部分棉株叶片枯死，雨后出现急性凋萎型病株。90年代以后，大面积种植抗枯萎病的品种，秋季不易看到枯萎病株。

3. 枯、黄萎病混生病株症状　在棉花枯、黄萎病混生病田中，两种病害可以同时侵害同一棉株。表现的症状就更复杂些。这些的病株叫做“混生病株”，所表现的症状叫做“同株混生型”。同株混生型的症状可以分为以下三种类型。

（1）混生急性凋萎型　多在铃期发生，在同一病株上表现有枯萎病和黄萎病的两种症状；有些叶片呈现黄色网纹型、黄化型或紫红型，另些叶片则呈现为黄萎病的掌状斑驳。这种病株发病快，病势猛，叶片迅速脱落，植株死亡。

（2）混生慢性凋萎型　在同一棉株的苗期先出现枯萎病症状，症状呈现矮缩，有些叶片出现黄色网纹。而至蕾铃期，又出现黄萎症状，叶片显露黄色斑块。但病程发展缓慢，植株一般不会迅速枯死。

（3）矮生枯萎型　病株低矮，高度只有30～40厘米，上部叶片皱缩、变厚，叶色浓绿，茎部节间变短、变粗，有时发生扭曲。矮生枯萎病又有两种症状：一种是叶色暗绿，叶片皱缩，但始终不显露其他症状。另一种则是在棉株下部叶片上出现网状斑块、紫红色斑块或掌状斑驳。经实验室内分离，可在同植株内获得枯、黄萎病两种病原菌。

尽管同株混生型病株症状较为复杂，但并不都是两种病害同时对等表现，有的是以枯萎症状为主，有的则以黄萎症状为主。

（四）棉花枯萎病对产量的影响

棉花枯萎病是世界各主要产棉国家广泛发生的棉花病害。枯萎病的发生和危害程度，因栽培棉花品种的抗病性、发病时期、当年气候情况和耕作栽培技术水平等条件而异。一般来说，病害发生愈早，对棉株危害也就愈重，对棉花的产量损失也就更明显。

棉花枯萎病菌侵入棉田定殖后，当年只出现零星病株，往往不易为人察觉。由于病原菌在土壤中逐年积累增加，逐渐发展成为轻病田和重病田，以至不能种植棉花。

关于棉花枯萎病田类型划分的标准，全国棉花枯、黄萎病综合防治研究协作组曾进行过多次讨论，比较一致的看法是：无病田：没有病株；零星病田：发病株率在0.1%以下；轻病田：发病株率在0.1%～1%之间，没有发病中心；重病田：发病株率在1%以上，或有明显的发病中心。

在春季棉花播种以后，棉花枯萎病可以侵染棉苗发病，严重造成幼苗凋萎，不能形成第一片真叶或棉苗死亡。

棉花3～4片真叶期或现蕾期，出现发病高峰，可以导致棉株枯死，造成棉田大量缺株。发病较轻时棉株虽能带菌存活，但表现植株矮缩，生长缓慢，不能结铃。或者棉株半边枯死，结铃稀疏，产量锐减。重病田种植感病品种，可以导致绝产。1982年，全国因枯萎病而绝产棉田面积达2.07万公顷。

50多年来，我国植物病理工作者对棉花枯萎病造成的损失，从单株到群体，从皮棉产量到纤维品质进行了大量的研究。

1. 不同病级枯萎病单株产量损失　姚耀文等(1963)在枯萎病田调查结果，枯萎病株株高较健株明显降低，病株平均少结铃4.1个，而蕾铃脱落率提高19.2%。王延林1982～1983年在湖北公安县枯萎重病田，连续定500株，分级调查成铃数等，结果如表3-2。

表 3-2　不同级别枯萎病株损失情况

（湖北公安县）

	1982年					1983年					平均				
	0	Ⅰ	Ⅱ	Ⅲ	Ⅳ	0	Ⅰ	Ⅱ	Ⅲ	Ⅳ	0	Ⅰ	Ⅱ	Ⅲ	Ⅳ
单株有效成铃	19.9	17.4	13	9.7	0	18.85	16.2	12.4	9.5	0	19.38	16.8	12.7	9.6	0
单铃重(g)	4.7	4.7	4.5	3.6	0	5.18	5.05	4.6	3.91	0	4.94	4.87	4.55	3.76	0
衣分(%)	37	36	36	36	0	42.56	42.5	41.77	40.2	0	39.8	39.25	38.89	38.1	0
单株籽棉重(g)	93.53	81.78	58.5	34.9	0	97.64	81.81	57.04	37.15	0	95.58	81.79	57.77	36.03	0
单株皮棉重(g)	34.61	29.44	21.1	12.6	0	41.56	34.77	23.38	14.93	0	38.1	32.1	22.47	13.77	0
单株损失率(%)	—	14.93	39.03	63.6	100	—	16.34	42.27	64.08	100	—	15.64	40.65	63.84	100

生统分析表明，病级与单株成铃相关系数为－0.964（$r_{0.01}$＝0.959），而与单铃重和衣分率相关系数分别为－0.8357和－0.7314（$r_{0.05}$=0.878）。健株平均成铃 19.38 个，而Ⅲ级病株成铃仅有 9.6 个。Ⅲ级病株单株产量损失两年平均为 63.84%，因此病株结铃减少是单株产量损失的主要原因。

2. 枯萎病群体产量损失　杨荣生（1964）早在 1952 年对四川射洪县枯萎病重病田调查结果显示，病株较健株结铃减少 25.76%～72.35%，铃重减轻 33.8%，根据这一结果换算出发病率 50%以上，产量损失 45%；发病 30%～50%，损失 25%；发病 10%～30%，损失 15%；发病 1%～10%，损失 3%。马存等 1983、1984 年在山东聊城农校枯萎病严重病田进行了群体产量损失研究。在老枯萎病田，选种植鲁棉 1 号，其中中水肥田 3 块，高水肥田 2 块。6 月下旬在病田目测，从中选生长一致、发病轻重不同的棉田 1 300 平方米左右。将该田连续划分成 60 平方米的试验小区 10～12 个，3 个小区为一排，共 4 排，即 4 次重复。另外，在邻近轻病田（或无病田）中选与该田水肥条件及生长基本一致的无病田 60 平方米，为无病对照。小区划定后逐株分级调查发病情况，计算病指。7月中旬根据病株级别的变化再复查一次。9月底对各小区全部棉株逐株进行成铃数累计，计算皮棉产量进行统计分析。以各小区病指为(x)，各小区与无病区比较皮棉产量损失率为(y)。进行统计计算，得出下列3个回归方程：

$$y=-6.0757+0.9338x\pm 8.6 \qquad r=0.9556$$

$$y=-6.9111+0.9089x\pm 9.06 \qquad r=0.922$$

$$y=-1.5489+0.9105x\pm 13.94 \qquad r=0.8084$$

上述3个方程回归式说明，在中水肥条件下，病指与皮棉产量损失之间存在相关关系，即病指越高，皮棉损失率越大。相关关系值均达到极显著水平。在中水肥病田，田间病指每增加1，皮棉产量损失率增加0.94%，当病指在7以下时，皮棉产量损失在1%以下。一般认为高水肥病田病株恢复快，补偿能力强。无论中水肥病田还是高水肥病田，当病指相同时，皮棉产量损失无显著差异。即田间病指每增加1，皮棉产量损失率增加0.91%，当病指在6以下时，皮棉损失率在1%以下。如果已知田间群体的病指，可用上述公式来计算该田块皮棉产量损失百分率。

3. 枯萎病对棉花纤维品质的影响　姚耀文等(1963)对枯、黄萎病病株皮棉的铃重、衣分、强力等进行了调查，结果显示，健株铃重5.65克，枯萎病株铃重4.94克，枯、黄萎病同株混生的铃重为4.85克。病株纤维强力比健株降低0.27～0.37克。病株纤维长度比健株短1.5毫米左右。马存等(1986)从山东聊城农校高水肥枯萎病重病田取样，纤维品种经山东省纺织纤维检验所测试，不同级别病株与健株纤维品质比较如表3-3。

表 3-3　不同级别病株纤维品质比较

病株级别	绒长 (mm)	比0级减少 (mm)	细度 (g/m)	比0级减少 (km)	强力 (g)	比0级减少 (g)	断裂长度 (k/m)	比0级减少 (km)	成熟系数
0	29.9		5010		4.11		20.59		1.76
Ⅰ	29.6	0.3	5020	+10	4.21	+0.11	21.13	+0.54	1.75
Ⅱ	29.0	0.9	5095	+85	4.02	0.09	20.48	0.11	1.76
Ⅲ	28.8	1.1	5220	+210	3.81	0.31	19.89	0.70	1.71

从表 3-3 看到，病级越高，绒长越短，Ⅲ级病株绒长比健株短 1.1 毫米，而细度是病级越高细度越细，III 级病株细度比健株增加 230 千米。I 级病株皮棉强力没有降低，Ⅱ、Ⅲ级病株皮棉强力比健株分别降低 0.09 克和 0.31 克；Ⅱ、Ⅲ级病株皮棉断裂强度分别降低 0.11 千米和 0.7 千米，总之病株比健株纤维品质大部分指标均有降低。

庄生仁等(1996)在甘肃敦煌棉花试验站，调查了枯萎病对新陆早 1 号及新陆早 5 号纤维品质的影响，两品种的经济性状除铃重方差分析达极显著水平，并随病级的增大呈明显的下降趋势外，绒长、衣分均不显著，说明枯萎病对二者为间接影响，其中新陆早 1 号各病级的绒长虽比 0 级有所下降，下降幅度为 0.4%～4.4%，但规律性不强，衣分下降幅度 2.7%～6%；新陆早 5 号的绒长下降 2.9%～4%，衣分在各级别间无规律性。

4. 棉花枯萎病重病田健株的产量补偿作用　在研究枯萎病株对产量损失时，发现病株相邻的健株结铃比普通健株多，这就是表明病株相邻的健株存在补偿作用。

马存等 1983、1984 年在山东聊城分别在中水肥和高水肥病田，对不同级别病株相邻的健株成铃数量，与零星病田(或无病田）健株进行了比较，统计其补偿情况，Ⅰ级病株相邻的健株比普通健株成铃数增加17.2％～36.1％，Ⅱ级增加48.4％～54.4％，Ⅲ级增加60.2％～63.3％。说明病级越高，病株相邻的健株比普通健株的成铃数增加幅度越大，即自然补偿越明显。高水肥田病株相邻的健株补偿力略高于中水肥田。但高水肥田无论健株还是病株，成铃数均比中水肥田多。如高水肥田，Ⅰ级病株成铃18.5个，比中水肥田Ⅰ级病株成铃多9.5个。Ⅲ级病株成铃9.5个，是中水肥田Ⅲ级病株成铃3.6个的2.5倍。因此，加强肥水管理可提高田间自然补偿作用，降低重病田皮棉产量损失。

重病田除病株本身增加结铃实现补偿外，更主要的是与病株相邻的健株增加结铃数。如重病田普通健株平均成铃17.3个，而与Ⅰ～Ⅳ级病株相邻健株成铃分别为21.6、20.7、22.9和23.7个，平均比普通健株多成铃4.9个，表明相邻健株增加结铃数是重病田自然补偿的主要方式。

轻病田普通健株平均成铃13.9个，而Ⅰ～Ⅳ级的相邻健株平均结铃22.9个，比普通健株多9个。说明相邻健株增加成铃数也是轻病田自然补偿的主要方式。不同追肥条件下的皮棉产量，严重病田不追肥、少追肥、中度追肥和重度追肥4种追肥处理皮棉单产分别为33.8千克、50.0千克、56.7千克和66.7千克，少追肥比不追肥增产47.9％，中度追肥增产67.8％，重度追肥增产97.3％。重病田4种追肥处理皮棉单产分别为68.5千克、76.9千克、77.6千克和79.7千克，少追肥比不追肥增产12.1％，中度追肥增产13.3％，重度追肥增产16.4％，这说明严重病田和重病田增产幅度又比轻病田高。轻病田增加追肥对产量无显著提高。

二、棉花枯萎病的发病规律

(一)病原菌

1. 分类　棉花枯萎病菌为尖镰孢萎蔫专化型(*Fusarium oxysporum* Schlectend:Fr. f. sp. *vasinfectum* (Atk.)W. C. Snyd. & H. N. Hans.)，根据1995年出版的新的分类系统为半知菌亚门(Deuteromycotina)，肉座菌目(*Hypocreales*)[丝孢目(Moniliales)]，瘤座孢科(Tuberculariaceae)，镰刀菌属(*Fusarium* Link)，镰刀菌是一类最常见的真菌，在经济学上具有重要地位，在动、植物等有机体、土壤中经常可见到它们的存在。很多种、变种和生理型均可导致植物病害。棉花上即有不少病害是由该菌引起的，从棉花种子到幼苗直到棉铃成熟，从棉花的根、茎、叶、果均有由于镰刀菌侵染造成各种病害，其中以尖胞镰刀菌萎蔫专化型造成的棉花枯萎病对棉花生产所造成的损失最大。

镰刀菌是Link于1809年创立的，当时他根据粉红镰刀菌(*Fusarium roseum*)的子座上具有纺锤形不分隔的孢子从而确定了该属。随着培养方法的进步，各种纺锤形大型分生孢子被认为是区分种的稳定特征。

2. 形态　棉花枯萎病菌为尖胞镰刀菌萎蔫专化型，其培养性状，在PDA(马铃薯葡萄糖琼脂)培养基上，菌丝为白色，培养时间稍长培养基经常出现紫色，菌丝体透明，有分隔。具有3种类型孢子，分别为：大型分生孢子，小孢子和厚垣孢子。

大型分生孢子着生在复杂而又有分枝的分生孢子梗或瘤状的孢子座上，通常具有3～5个分隔，呈镰刀形至纺锤形，椭圆形弯曲基部有小柄，两端尖，顶端呈钩状，有的呈喙状弯曲，壁薄。其中以 3 个分隔的常见，大小为 2.6～4.1×22.8～38.4 微米，黄褐色的至橙色。通常有三种培养型，Ⅰ型大型分生孢子为匀称镰刀形或纺锤形，顶细胞较长，足细胞明显或不明显，多为 3 个分隔，属典型的尖孢类型；Ⅱ型大型分生孢子较宽短或细长，多为 3 个分隔，有的可多达 4～5 个分隔，有时可达 8 个分隔；Ⅲ型大型分生孢子宽短，顶端呈钩状，有的呈喙状弯曲，孢子上端 1/3 处变宽，基部细胞逐渐变窄，足细胞有或不明显，孢子多为 3 个分隔，近于马特型。

小型分生孢子多数为单胞，少数有 1 个分隔，通常为卵形，有时为椭圆形、倒卵形、肾形，甚至柱形，大小为 5～12×2.2～3.5 微米，通常着生于菌丝的侧面的分生孢子梗，聚集成假头状。

厚垣孢子通常单生，有时双生，多数在老熟的菌丝体上顶端和间生形成，有时亦可生在大型分生孢子上，球形至卵圆形，浅黄至黄褐色，表面光滑，偶有粗糙。

在不同的培养基上，不同菌株的病菌菌落有不同的培养性状，7 号小种在马铃薯蔗糖琼脂培养基(PSA)上，菌落为白色，菌丝致密，底面粉红色至紫色；而在 SM 培养基上为白色微红，底面粉红色至葡萄紫色。两种培养基上均不产生大型分生孢子，但相同菌株在改良 SM 培养基上菌落为白色，底面则变成浅黄至黄色，可产生少量大型分生孢子。而一些变异的 7 号小种在 PSA 培养基上，菌落则成为白色微紫，菌丝稀疏，底面暗洋红紫色。在 SM 培养基上，菌落则为白色微红，底面暗紫红色，边缘葡萄紫色，并可产生大量大型分生孢子。虽然是相同的小种，但不同菌株的培养性状则可能不同，而即使是同一菌系，在不同的培养基上，其培养性状则有可能不同。一般情况下，用于分离和纯培养棉花枯萎病菌的培养基为马铃薯葡萄糖琼脂培养基(PDA)和马铃薯蔗糖琼脂培养基(PSA)。

大型分生孢子是鉴定镰刀菌的主要依据，但在一般的培养基上棉花枯萎病菌很难产生。因此，孙文姬等研究了一种可有效诱导其产生大型分生孢子的培养基—氧化丙烯熏蒸的棉秆、豆秆和荷兰石竹叶水洋菜培养基(分别简称为 PCSA、PBSA 和 PCLA)。方法是：先将无农药残留自然干燥的棉秆、豆秆和经 45℃烘至干脆而不褪绿的荷兰石竹叶分别装入磨口瓶中，按瓶子容量的 0.2% 比例注入氧化丙烯后立即盖紧，然后封口摇动，熏蒸 16 小时后，在无菌条件下充分放气，再将瓶口封严密，保存在冰箱内备用。使用时，在无菌条件下，将其剪成大约 0.5 厘米的碎片，分装于消过毒的培养皿里，倒入加有 1%氯霉素眼药水的 1.8%经水洋菜培养基，轻轻摇匀，凝固后将菌液抹于培养基表面，置于 23℃～25℃温箱培养 7～10 天即可。这样诱发的大型分生孢子产生快、量多，且稳定，在 150 倍显微镜视野下有 30～50 个大型分生孢子。

棉花枯萎病菌适宜生长温度为 22℃～25℃，低于 15℃生长速度减慢，一般认为在 5℃以下和 35℃以上时通常不能生长，陈其煐等的试验表明，我国棉花枯萎病菌在 35℃仍能生长，但生长速度比 22℃～25℃要缓慢的多，培养 7 天的菌落直径仅相当于正常温度下的 1/14～1/10，大部分菌系在 37℃时不能生长，但我国部分地区的菌系仍可缓慢生长。而光照对棉花枯萎病菌的生长影响不大，在培养棉花枯萎病菌时，一般不需要光照，在无光照条件下病菌能很好地生长。

3. 寄主范围 棉花枯萎病菌尖孢镰刀菌萎蔫专化型可

造成多种植物的维管束萎蔫性病害，已知的有咖啡属（*Coffea*）、木豆属（*Cajanus*）、木槿属（*Hibiscus*）、三叶胶属（*Hevea*）、茄属（*Solanum*）、蓖麻属（*Ricinus*）及豇豆属（*Vigna*）等中的一些种的枯萎病。据报道，棉花枯萎病的寄主有近50种植物，大部分为野生植物。

李君彦等在1978～1979年经过2年病圃和温室接种棉枯萎病菌，对8科18种作物的69个品种进行了致病测定，以明确我国棉枯萎病菌的寄主范围。试验结果表明，在整个棉花生育期（4～9月份）内，除棉花外，其他作物未发现有病株症状出现，成株期剖茎检查也没有发现茎内有变色现象。但对各种作物的再分离表明，虽有不少作物并不表现症状，但其组织是带菌的。18种作物中有15种可分离到典型的枯萎病菌，但各菌系在各种作物上的定殖部位有差异，仅从根部分离到病菌的有笋瓜、向日葵和豌豆；可在茎基部分离到病菌的有高粱、大豆、豌豆、番茄、烟草和三种红麻；可从叶柄和叶鞘分离到病菌的有大麦、小麦、玉米、甘薯、黄瓜和辣椒，包括棉花。地上部按带菌率高低排列次序为甘薯、烟草、大麦、玉米、黄瓜的带菌量较大；小麦、大豆、番茄、茄子次之；豌豆、向日葵、笋瓜地上部分未分离到病菌。甘薯的带菌率比棉花高的多，在1978年的试验中，小麦、玉米、高粱和向日葵等4种作物未分离出可使棉花发生枯萎病的尖孢镰刀菌。此外，棉田杂草中，香附子、野茄和刺蓟等均能被侵入而带菌。

虽然有一部分并不是典型棉花枯萎病菌，但大部分从中分离得到的是该病原菌，这说明在强制接菌的条件下测定的棉花枯萎病菌的寄主范围，远比自然条件下发病的要广。

4. 生理生化特性 棉花枯萎病菌的生理生化特性是其侵染寄主棉株的基础，同时也是病原菌生命活动和自身遗传的反映，国内外对此早有研究。

(1)碳代谢　碳是生物体的主要组成成分，也是棉花枯萎病菌细胞的主要原料，是蛋白质、脂肪、核酸代谢的重要来源和能量代谢的主要来源，在一般真菌中，碳的含量可达其干重的40%～50%。因此，碳是棉花枯萎病菌各项生理生命活动的根本。棉花枯萎病具有活性极高的蔗糖酶，可分解蔗糖获得能量和单糖，为各种生命活动提供物质基础，这种酶以β-呋喃果糖苷酶为主。棉花枯萎病菌可利用葡萄糖、蔗糖、果糖、乳糖、半乳糖、甘露糖、菊糖和阿拉伯糖等各种糖源作为碳的供体，某些醇类，如糖醇、阿拉伯糖醇也可作为其碳源，但以醇类为其碳的供体时，不少菌系不产生色素；而以蔗糖作为碳源时，可促使大型分生孢子的形成。

(2)氮代谢　氮是蛋白质、氨基酸和核酸的主要组成部分，根据前苏联学者的研究，镰刀菌中含有丰富的含氮化合物，棉花枯萎病菌的培养物在4.43%～5.43%，而蛋白质的含量则随着培养时间的延长而增加，从培养第10天的20%，到第20天则增加至27%。

棉花枯萎病菌中含有丰富的氨基酸，如谷氨酸、甘氨酸、赖氨酸 、精氨酸、丙氨酸、组氨酸和天门冬氨酸等，而且是其毒素的重要前体，如α-氧化丙氨酸，茚三酮类化合物均从各种氨基酸演化而来。故棉花枯萎病氨基酸的组成和变化是研究其致病力机理的重要内容，受到大家的高度重视，在普遍认为其致病是由于镰刀菌酸引起的共识下，对其氨基酸代谢的途径和衍化过程有必要进行深入的研究。

(3)同功酶　同功酶是研究各种病原菌的致病力特征的一种重要方法，虽同一同功酶的功能相同，但大小、结构和形态不同，故其生理功能也有差别。国内外学者对棉花枯萎病的同功酶也有一些研究，如吕金殿等用聚丙烯酰胺凝胶电泳对42个采自我国各省区的棉花枯萎病菌的酯酶同功酶进行了比较研究，根据主酶带的情况可将42个菌系分为3个类型，分别为类型I，包括4条主酶带，含有31个菌系，来自13个省(市)；类型II，包括3条主酶带，含有6个菌系，来自6个省；类型III，包括2条主酶带，含有1个菌系，来自新疆维吾尔自治区。孙文姬等(1990)对棉花枯萎镰刀菌血清学进行了一些研究，结果表明，不同小种之间的血清学有一定差异，表明不同小种之间其蛋白质是有差异的。

(4)温度　温度对棉花枯萎病菌的生长、各种类型的孢子形成和萌发、繁殖均有很大的影响。

棉花枯萎病菌的适宜生长温度为15℃～25℃，但不同菌系的最适宜生长温度有一些差异，但一般在5℃以下，35℃以上时通常不能生长。30℃以上时，镰刀菌孢子停止萌发。

陈其煐等对采自我国河南、湖北、江苏、辽宁、陕西和四川等6省菌系的适宜生长温度进行了深入研究，结果表明，各菌株在35℃高温下一般均能生长，但生长速度比22℃～25℃下明显缓慢，在35℃下培养7天后，其菌落直径仅为正常温度下的1/4～1/10。绝大多数菌株在37℃条件下不能生长。

5. 棉花枯萎病菌在土壤中的存活　尖镰孢萎蔫专化型(*Fusarium oxysporum* Schlectend:Fr. f. sp. *vasinfectum*)是一种寄生兼腐生的土传性植物病原菌。该菌既可在侵染的棉花植株体内繁殖蔓延，也能在其他宿主体内生存，并随作物残体进入土壤，以腐生方式生活，或以厚垣孢子等休眠体结构在土壤中长期存活。有人认为在停种寄主作物后，该病原菌可在土壤内存活十多年，甚至可在某种土壤内无限期地存留。

根据戴丽莉等(1983)的研究，土壤中尖镰孢萎蔫专化型的菌丝体内或菌丝顶端，在适宜的温度条件下很容易产生厚垣孢子。在20℃～30℃下培养3天左右，菌丝体内即开始形成厚垣孢子，适合该菌厚垣孢子形成的条件与棉枯萎病发病条件一致。这说明，随着当年得病脱落的棉花残体进入土壤的菌体，可以很快产生大量厚垣孢子，使之得以在土壤中休眠存活。土壤含水量对厚垣孢子形成有明显的影响，在土壤含水量大约20％(相当于一般旱作土壤)，菌丝体可在3～6天即开始产生厚垣孢子，而且新菌丝生长茂盛，并同时产生大量分生孢子；分生孢子和厚垣孢子成熟后萌发产生的菌丝体，又产生新的厚垣孢子，从而使繁殖体得以大量增加。然而，在浸水3～4天后，菌丝体周围细菌密集，多处被细菌溶解而断损，大约10天后只能见到菌丝碎片和极个别的厚垣孢子，芽管菌丝无法继续生长，也未见能再形成分生孢子。

厚垣孢子的萌发，关于镰刀菌厚垣孢子萌发条件，不同学者的研究结果有所不同，有人认为在纯水下容易萌发。但在土壤中，即使水分很充足，也难以萌发。他们用茄病镰刀菌菜豆转化型试验的结果指出，厚垣孢子只有处于类似于该病菌侵染寄主的条件下才萌发，或者在贴近发芽的寄主植物种子和根尖时才萌发。有人对棉花枯萎病菌的萌发温度和水分条件进行了研究，结果表明，在旱作土壤的水分条件下，20℃～30℃下萌发率最高，这说明适宜厚垣孢子形成的温度也同样适宜其萌发；而土壤含水量对厚垣孢子萌发的影响，在旱作土壤条件下(相当于含水量20％)，厚垣孢子的萌发率比在渍水下都高，在渍水下由于厚垣孢子萌发产生的芽管及菌丝逐渐被细菌分解，8～9天后，发芽的厚垣孢子也被分解，导致土壤含菌量不断下降，见表3-4。当土壤中有适当基质时，厚垣孢子可反复形成和萌发，从而使土壤中的菌量不断增加。

表 3-4 棉花枯萎病菌在不同含水量土壤中萌发率(%)

(引自戴丽莉等)

培养时间(小时)	旱水土壤				渍水土壤			
	重复 1	重复 2	重复 3	平均	重复 1	重复 2	重复 3	平均
4	41.7	29.6	31.6	34.3	23.6	25.2	20.6	23.1b
8					29.4	27.7	28.2	28.4a
12	34.6	48.1	36.2	39.6	32.9	32.4	25.7	30.3a
16	27.1	35.2	32.0	31.4		38.2	29.7	34.0a
20	33.3	33.0	39.2	35.2	24.8	26.6	39.3	30.2a
24	46.8	34.6	46.5	42.5	12.0	19.3		15.7b
36	35.1	24.4	27.2	28.9	23.9	15.0	18.8	19.2B
48	39.2	38.3	42.4	40.0	20.7	22.0	16.6	19.8B
72	34.6	37.1	31.3	34.3	5.7	13.2	7.6	8.8B

厚垣孢子在不同含水量的土壤中的存活也有很大的区别,当将相同数量的厚垣孢子接入土壤中,然后控制土壤含水量分别为最大持水量的 20%、40%、60%及 100%(渍水)的情况下,在不同时间后检测各处理的厚垣孢子数量。开始除渍水处理外,其他处理在 20 天左右均不同程度地增加,其中 20%含水量的处理增加最多,达到接入量的 4 倍;40%含水量的处理,达到接入量的 3 倍;而渍水处理则有所下降。随后,各处理厚垣孢子数量则逐步下降,在 160 天时,各处理的厚垣孢子数量分别为接入量的 108%、37%、30%和 2%。随着渍水时间的延长,半年左右时间,接入的厚垣孢子几乎被细菌分解殆尽。这说明,土壤水分状况对棉花枯萎病菌的存活及繁殖有很大影响,淹水时间越长,该菌存活的几率越低。

在土壤含水量 25%,通气良好的情况下,无论是什么菌

系的菌丝体均可形成数量不等的厚垣孢子，但当将其置于无氧条件下培养时，与渍水土壤相同，均未见有厚垣孢子形成。当将培养室的空气充入大量 CO_2 时（占气体组成的 80％以上）、或充入大量 N_2 时，该菌厚垣孢子的形成都受到抑制，但不妨碍其萌发，在处理 40 天后，无氧处理的土中菌量下降至试验开始时菌量的 1％，而高浓度 CO_2 处理土中菌量为初始菌量的 24％；80 天时，无氧处理的土中仅只能分离到极个别的菌，而高浓度 CO_2 处理土中菌量为初始菌量 1％。通过研究表明渍水对棉花枯萎病菌存活影响的主要因素是缺氧。

棉花枯萎病菌在土壤中的分布和消长规律又如何呢？刘西钊等在 1978～1979 年对此进行了深入研究，他们从重病棉田以 5 点取样法取耕作层土壤，采用平板稀释分离法测定，同时将相同土样采用盆栽法，播种感病品种，测定病田土壤的致病力。对病田不同深度土壤的含菌量及致病力也进行了测定。

通过研究表明，在湖北省新洲县地区耕作层土壤该病的消长是有规律的：①土壤内病菌量的总趋势是，每年 6、7、9、10 四个月份较高，而 8 月份明显下降，6、7 月份和 9、10 月份为两个高峰期。②盆栽自然发病率与棉田菌量的增加呈正相关。他们认为可能与田间土壤温度有关，因 7、8 月份土温高达 30℃以上，对该病菌的繁殖不利，而 6、9 两个月份的土温对该病菌繁殖有利。10 月份土壤菌量显著高于其他月份，这是后期病菌不断积累的结果，对来年的棉花生产是一大威胁。③随着连作时间的增加，病菌的积累作用明显，试验的第二年，各月菌量成倍增加，盆栽试验也说明对棉花的危害逐年加重。④病棉田改种水稻后，土壤枯萎病菌量显著下降。重病田改种水稻等以后，对土壤中的棉花枯萎病菌含量影响很大，改种当年的生长期即开始成倍下降，翌年下降更加明显。盆栽试验也说明，由于菌量的大幅度下降，发病率和病情指数也直线下降。

棉花枯萎病菌在土壤不同深度的垂直分布不同，大量研究表明，随着土壤深度的增加，土壤含菌量逐渐减少，主要分布在0～30厘米土层内，少数在30～40厘米，50厘米以上就很少见了。

5. 种子带菌的检验 一般认为，棉花枯萎病的远距离传播的主要途径是由于种子带菌。国内外对棉花种子带菌问题早有研究。早在1923年Elliot即报道棉花枯萎病株中收获的棉籽带有枯萎病菌，随后不少研究均证实病株棉籽带菌，带菌率在5%左右，研究还表明，种子上携带的枯萎病菌数量会因不同棉花品种，不同年份，不同的发病程度而不同。在20世纪70年代，我国学者王守正(1978)对重病株不同果枝上收获的棉籽的带菌情况进行了研究，结果表明，从第一到第九果枝(病株最后一个果枝)的棉籽都有可能带菌，病株棉籽的带菌率仅4%，重病田混收棉籽的发病率只有1.7%(见表3-5)。

从试验结果看，从病株上收获的棉籽，再种到无病地上，当年长出的病株绝大多数外部没有明显症状，但导管变色。这对检疫具有重要意义。

表3-5 病株不同部位果枝上棉籽田间发病情况

果枝部位	苗期(6月11日)		蕾期(6月29日)	剖杆(1月11日)	
	总株数	发病率(%)	发病率(%)	总株数	发病率(%)
1	44	0.0	0.0	36	5.6
2	51	0.0	0.0	36	8.3
3	58	0.0	0.0	40	5.0

续表 3-5

果枝部位	苗期(6月11日)		蕾期(6月29日)	剖杆(1月11日)	
	总株数	发病率(%)	发病率(%)	总株数	发病率(%)
4	48	0.0	0.0	44	0.0
5	50	2.0	2.0	45	2.2
6	48	0.0	0.0	45	2.2
7	45	0.0	0.0	34	5.9
8	52	0.0	0.0	46	0.0
9	49	0.0	0.0	48	8.3
合计	445	0.2	0.2	374	4.0
重病田混收	515	0.0	0.0	402	1.7
无病田棉籽	487	0.0	0.0	416	0.0

对于棉籽不同部位的带菌情况，有人认为仅种皮带菌，因胚是单独形成的闭塞输水系统，与母体分离，因此病菌在棉株体内形成裂殖子(和分裂子)不能进入胚部。但我国学者的研究发现，在种子外部短绒、种壳组织内、以及种皮组织中均带菌，种壳、子叶、胚根等部位的带菌率分别为0.28%、0.59%和0.31%。中国农业科学院植物保护研究所等单位的研究表明种子带菌率在0.1%～6.6%不等(见表3-6)。

表 3-6　不同单位研究的棉花种子带枯萎病菌情况

研究单位	年份	种子数	带菌率(%)	种子来源
中国农业科学院植物保护研究所	1964	720	0.14	辽宁省辽阳
江苏省农业科学院	1971	4740	0.101	江苏省南通

续表 3-6

研究单位	年份	种子数	带菌率(%)	种子来源
中国农业科学院植物保护研究所	1975	3160	0.15～2.68	河南省新乡
中国农业科学院植物保护研究所	1978	150	6.6	陕西省泾阳

对于棉籽表面所带的真菌种类繁多，根据籍秀琴等 1974 年的研究，对 8 350 粒棉花种子的分离试验，光镰孢菌就有 8 种，主要有半裸镰孢菌、木贼镰孢菌、串珠镰孢菌、腐皮镰孢菌、尖镰孢菌萎蔫专化型、拟枝孢镰孢菌、禾谷镰孢菌和及燕麦镰孢菌等，但仅尖镰孢菌萎蔫专化型可侵染棉花。

7. 种和生理小种 棉花枯萎病菌生理分化较小，目前全世界报道的仅有 8 个小种，美国的 Armstrong 等最早于 1958 年报道有 4 个小种，1966 年 Ibrahim 发现了第 5 号小种，1978 年 Armstrong 和 J、K、Armstrong 又在巴西发现了 6 号小种。

表 3-7 世界各国不同小种对不同寄主植物的侵染力

寄主植物	小种编号							
	1	2	3	4	5	6	7	8
分布地区	世界各地	美国	埃及中国	印度	苏丹	巴西	中国	中国
亚洲棉 *Gossypium arboreum* cv. Ronzi	R	R	S	S	S	R	S	R
海岛棉 阿西莫尼 *G. barbadebse* cv. Ashaouni	S	S	R	R	S	S	S	R

续表 3-7

寄主植物	小种编号							
	1	2	3	4	5	6	7	8
海岛棉 萨克耳 *G. barbadebse* cv. Sakel	S	S	S	R	S	S	S	R
陆地棉 阿卡拉 44*G. hirsutum* cv. Acala 44	S	S	R	R	R	S	S	R
金元烟 *Nicotiana tabacum* cv. Gold Dollar	R	S	R	R	—	R	R	R
大豆 *Glycine max* cv. Yelredo	R	S	—	—	—	R	R	R
羽扁豆苜蓿 *Lupinus luteus* cv. Weiko	S	S	—	—	—	R		

注:R=不感染,S=严重感染

自 1982 年开始,我国陈其煐等用国际通用的一套鉴别寄主对我国各地采集的 144 菌系筛选出有代表性的 17 个进行全面的研究发现,我国的棉花枯萎病菌致病力与当时国际上已报道的 6 个小种有区别。为此,将我国的棉花枯萎病菌分为 3 个小种,其中 7、8 号小种是首次报道,7 号小种是我国的优势小种,广泛分布于国内的各主产棉区,对鉴别寄主中的海岛棉、陆地棉和亚洲棉均表现出高度侵染,不感染或轻度感染 5 个非棉属寄主;而 8 号小种则不感染或轻度感染 3 个棉种的 7 个品种,轻度感染非棉属的秋葵、金元烟和大豆,严重感染紫苜蓿和白肋烟,仅在我国的湖北省的新洲县和麻城县及南京有发现;3 号小种严重感染海岛棉的 Coastland、Sakel 和亚洲棉的 Ronzi,不感染海岛棉的 Ashaouni 和陆地棉,不感染非棉属寄主的秋葵、金元烟、白肋烟和大豆,极轻度感染紫花苜蓿。

表 3-8　我国不同小种对鉴别寄主植物的侵染力

引自陈其焕等(1985)

鉴别寄主		小种及分布 3 新疆维吾尔自治区麦盖提和吐鲁番	7 全国各地	8 湖北新洲、麻城、南京
海岛棉	Ashaouni	R	S	W－R
	Coastland	S	S	W
	Sakel	S	S	W
陆地棉	Acala	R	S	W
	Rowden	R	S	W
	Stoneville	R	S	W
亚洲棉	Rozi	S	S	W
秋葵	Clemson spinelaess	R	W－R	W
紫苜蓿	Grimm	R	W－R	S
烟草	Burley 5	R	W－R	S
	Gold Dollar	R	R	W
大豆	Yelredo	R	W－R	W－R

注：S＝严重感染，发病株率 50％以上；W＝轻度感染，发病株率 50％以下；R＝不感染，发病株率为 0

8. 病菌的侵染循环　棉花枯萎镰刀菌可在土壤中营腐生生活或以厚垣孢子方式休眠，所以能在土壤中长期存活。据国内外有关文献报道，棉枯萎镰刀菌在土壤中存活的最长年限可达 15 年之久。但不同土壤环境，枯萎病菌的存活时间明显不同。在土壤干燥、休闲的情况下，只能存活 1～2 年，而土壤中水分较多，有机质丰富，有利于病菌生长发育，可以延长存活时间；在土壤淹水的条件下，病菌很快失去生活的能力，最终死亡。

中国科学院南京土壤研究所报告：在含水量为22%的土壤中，病菌第六天即可形成大量厚垣孢子；但在淹水土壤中20天，未见有厚垣孢子产生，这主要是由于低氧压的作用妨碍了病菌的生长与存活。病菌在棉病株残体上可以存活4～6年。四川省棉花研究所试验，将棉枯萎病杆置于室内，经6年后分离，病原菌的出现率为14.8%，而保存于冰箱内的标本，经过5年后进行分离，病菌的出现率仍为100%。附着于种子表面的枯萎镰刀菌一般只有5个月的存活期，但潜伏于种子内部的病菌存活力可达1年以上。

土壤带菌是棉花枯萎病侵染的主要来源，而种子带菌是病害远距离传播，无病区首次发病的主要病原。

棉枯萎病菌的菌丝、厚垣孢子在土壤中越冬，翌年环境条件适宜时开始萌发，自棉苗根部侵入寄主。侵入后，病菌在棉花的维管束内繁殖、扩展，可自根部上升至茎、枝、叶、铃柄和种子等部位，最后病菌又随棉株残体遗留在土壤中越冬，进入下一个侵染循环。

枯萎病菌可以孢子形态附着于棉种外部，或以菌丝形态潜伏于种子内部，翌年播种后，萌发生长侵害棉花。施用混有病残体的肥料，带菌的棉籽饼，病棉田秸秆还田，以及与带菌土壤的病田串灌或混用农具等，都可造成病害的传播和扩展。

枯萎病菌在土壤中侵入棉株，可以直接突破寄主根部表皮，进入根内。土壤线虫以及中耕等农事操作对棉花根部造成伤口，可加速病菌的入侵。因此，土壤线虫是棉花发生枯、黄萎病的重要诱因。国外研究者把棉花枯萎病与线虫病联系在一起，称为复合症，强调线虫对枯萎病发病的重要诱导作用。国内调查结果也看到，在线虫严重的棉田中，枯萎发病重于线虫病较轻的棉田。

(1)种子带菌传播　棉花枯萎病菌远距离传播是借助于附着在种子上的病原体。1923 年 Elliot 首先证实，其后 Taubennaus 等在 1929～1931 年逐年进行分离研究，发现感染枯萎病棉株的棉花种子确实可以携带枯萎病菌，平均为 5.01%。同时指出：不同的棉花品种，不同年份，种子上携带枯萎病病菌数量不同。前苏联学者所做的病理解剖实验指出，棉枯萎病株上的种子带菌只限于种皮部分，种仁(胚)不能带菌。因为，种皮的导管与棉株输导系统直接连通，病菌在植株内形成裂殖子(或分裂子)，其体积小于枯萎镰刀菌的小型分生孢子，大小不超过 2 微米，因此可以通过输导系统进入种皮。胚是单独形成的闭塞输水系统，与母体分离，因此裂殖子不能进入胚部。

我国科技工作者对棉花种子携带枯萎病菌进行了多方面的研究。1964 年，中国农业科学院植物保护研究所自辽宁省农业科学院棉麻研究所采集枯萎病株棉花种子 720 粒，播种后出现病株 1 株，发病率 0.14%。江苏省农业科学院 1971 年，收集病株棉花种子 4 740 粒做分离试验，带菌率为 0.101%。1972 年，江苏省农业科学院对南通三余棉花原种场的二、三级枯萎病株棉花种子带菌情况进行分离试验。结果表明：在种壳、子叶和胚根等部位都有枯萎病菌存在，其中种壳带菌率为0.28%，子叶带菌率为 0.59%，胚根带菌率为 0.31%，以子叶部分带菌率最高，从而进一步肯定了棉花种子内部带枯萎菌的事实。

籍秀琴等于 1974 年开始，进一步研究了棉花种子所带镰刀菌种类问题。对 8 350 粒棉花种子进行分离的结果表明，仅镰刀菌即有 8 种，出现频率较多的有半裸镰刀菌（*Fusarium semiteectum* Berk. et Rev.）、木贼镰刀菌［*F. equiseti* (Carda.) Sacc.］、串珠镰刀菌（*F. moniliforme* Sheld.）、腐皮镰刀菌［*F. solani* (Mart.) Sacc.］及尖镰刀菌萎蔫专化型［*F. oxysporum* f. sp. *vasinfectum* (*Atk.*) *Snyder et Hansen*］，同时伴随出现的还有拟枝镰刀菌（F. sporotrichioides *Sherb.*）、禾谷镰刀菌（F. graminearm *Schwabe*）以及燕麦镰刀菌［F. avenaceum (*Corda. et Fr.*) *Sacc.*］等。1986 年和 1987 年，陈其煐等在温室中以上述各分离菌对棉花做接菌试验，结果除尖镰刀菌萎蔫专化型外，其他各菌均不侵染棉花。中国农业科学院植物保护研究所于 1975 年，分离采自河南枯萎病株上的棉花种子 3 160 粒，带菌率为 0.15%～2.68%；1978 年分离陕西泾阳枯萎病株棉花种子 150 粒，带菌率为 6.6%。在南通三余棉种场二、三级病株棉籽 4 069 粒，其中种壳 1 423 粒，带菌率 0.28%，子叶 1 355 粒，带菌率 0.59%，胚根 1 291 粒，带菌率 0.31%。

上述研究资料表明，棉花种子外部和内部均可携带枯萎病菌，但不同地区、不同年份棉花种子带菌的数量相差悬殊，其幅度在 0.1%～6.6%。

孙君灵等（1998 年）对棉花枯萎病种子带菌量进行了检测。他们采集国内主产棉区新疆维吾尔自治区、山东、河北、河南、安徽、江苏、湖北和四川等 8 省（区）24 个县（市）的种子，采用每省 3 个县市，每县市随机采取籽棉样品 200 克，利用小型皮滚轧花机轧花，在样品轧花之前，均应用 0.1% 升汞液和 70% 酒精对轧花机表面进行消毒处理。

棉花种子外部携带枯萎菌检测结果如表 3-9。

表 3-9 不同地区不同品种种子枯萎病菌孢子负荷量

棉区		品种	枯萎病菌孢子负荷量 10^7个/克	棉区		品种	枯萎病菌孢子负荷量 10^7个/克
新疆维吾尔自治区	莎车县	新陆早3号	0.0	山东省	高唐县	鲁棉14	5.6
	阿克苏市	中棉所19	1.6		武城县	中棉所19	1.2
	麦盖提县	中棉所19	0.8		临清市	鲁棉14	1.6
河南省	扶沟县	中棉所19	3.2	河北省	邱县	冀棉20	5.6
	鄢陵县	中棉所19	0.8		故城市	冀选1号	1.2
	尉氏县	中棉所12	5.6		辛集市	冀棉20	8.6
安徽省	望江县	徐州553	7.2	江苏省	太仓市	苏棉8号	31.8
	东至县	泗棉3号	1.6		兴化市	泗棉3号	6.3
	界首市	中杂028	2.4		东台市	苏棉9号	5.2
四川省	仁寿县	川棉56	13.6	湖北省	随州市	鄂棉20	1.2
	乐至县	川杂8号	3.6		枝江市	鄂抗3号	12.7
	简阳市	川杂4号	11.2		松滋市	鄂抗3号	1.6

从表 3-9 可以看到，8 个省(区)的新疆维吾尔自治区、山东省、河北省、河南省和安徽省的种子枯萎病菌孢子负荷量较低，为 $0 \sim 8.6 \times 10^7$ 个/克，其中以新疆维吾尔自治区的种子携带枯萎病菌最低(3 个县市平均孢子负荷量仅为 0.8×10^7 个/克)。江苏省和湖北省的种子携带枯萎病菌不均匀，如湖北省的随州市种子枯萎病菌孢子负荷量为 1.2×10^7 个/克，枝江市的种子孢子负荷量为 12.7×10^7 个/克。

除棉花种子携带枯萎病菌做远距离传播外，另一种传播途径，是施用病田带菌棉籽冷榨棉油，又未经充分腐熟的棉籽饼肥料。这些带菌的棉籽饼，经过运输，可将病菌传至很远距离，形成新的病田。Wickens 于 1964 年报道，在坦桑尼亚有些地区棉花种子枯萎病带菌率高达 11%以上，由于仅仅限制带菌种子外运而没有对带菌的棉籽饼采取限制和灭菌措施，造成了棉花枯萎病的传播蔓延。我国也有类似情况，河南安阳中国农业科学院棉花研究所的南场，20 世纪 70 年代自陕西运进带菌棉籽饼做肥料而传人枯萎病。姚耀文等(1984)报道，冷榨后的棉籽饼作肥料，传播枯萎病的机率为 4.8%，而经 100℃蒸气 1 分钟热榨后的棉籽饼，用作肥料不会传播病害。

(2)病残体传播　吴功振等(1964)，在 1953、1954 年 6 月采枯萎病株挂于室内，1957～1958 年分离 1953 年采的病株，枯萎病出现率达 11.11%，第六年以后分离不出枯萎病菌，说明枯萎病菌在病棉株茎内可以存活 5 年。棉花枯萎病病株的根、茎、叶、残体均带有枯萎病菌，这些病残体成为翌年的病菌主要来源。早期发病的病叶及残枝，落在田间也可以引起当年的再侵染。

用枯萎病叶、病杆喂猪，猪粪传播枯萎病的研究结果表明，每 667 平方米施带菌猪粪盆栽，枯萎发病率 3.2%～12.9%，施带菌猪粪 5 000 千克，田间枯萎发病率 4%～14%。说明枯萎病菌通过猪的消化道而不丧失致病力。用带枯萎菌的棉籽壳喂牛，然后，将牛粪加水沤 5 天，施于无病田，播种无病棉种，苗期发病株率 3.6%，后期劈杆检测，病株率达 12.8%，也证明棉枯萎菌通过牛的消化道仍保持着侵染致病能力。因此，在棉花枯萎病区用带菌的病叶、病杆喂猪，或带菌的棉籽饼、棉籽壳喂牛，再将这些未经充分腐熟畜粪施于棉田，仍会导致枯萎病的传播蔓延。用病杆、病叶及带菌棉饼、棉籽壳做饲料时，必须经过加温煮沸 30 分钟，进行消毒处理，杀死病原菌,以杜绝后患。

(3)其他传病途径　病残体、枯枝、病叶等污染了土壤,通过灌水或雨水,把带菌土壤冲到下游,造成下游棉田发病。病棉田使用过的农具以及风、雨也可以带菌传病。因此,要注意和保持田间操作的科学程序,及时进行必要的防治处理。

(二)棉花枯萎病的流行规律

棉花枯萎病田间发病轻重程度与棉花自身的抗病性、土壤菌量、病原菌的生理型致病力的强弱及环境条件有密切关系。

1. 环境条件对枯萎病的影响　棉花枯萎病菌在培养基上生长的最适温度为18℃～25℃,最高为35℃,最低为5℃。而在田间侵染发病时,当土壤温度高达28℃～35.5℃时,棉花播种12天即可发病;而土温下降到25℃时,发病则需要24天。我国科学家1958～1959年在南通三余观察,每年当地温上升达20℃左右时,田间发现病苗,两年的发病率分别为26.8%和23.0%。随着地温上升,枯萎病苗率显著增加,6月底至7月初,棉花现蕾期间,土壤温度上升到25℃～30℃时,常常引起发病高峰。至7月中旬,地温达30℃以上,枯萎发病受到抑制。

在适温条件下,雨量是影响发病的另一重要因素。一般6～7月份雨水多,分布均匀,则发病重;如果雨量少或降雨集中,则发病轻。中国农业科学院植物保护研究所于1972～1974年在河南新乡调查,5月上旬开始出现棉花枯萎病株,5月下旬至6月中旬为田间发病高峰期,7月中旬进入高温季节,枯萎症状开始隐蔽,8月下旬至9月中旬发病又有回升,但未出现明显的发病高峰。土壤温度高达28℃以上时,病情指数开始下降。花铃期连续高温达30℃以上时，则造成症状的隐蔽。

在北京地区条件下，6月初棉枯萎开始发病，7月下旬棉花现蕾期，因气温多在28℃以上，不适于病原扩展，发病率只有20.93%，虽有增长，但不是最高；8月中旬以后气温平均下降为24℃～28℃之间，发病率迅速上升至50%～60%。地温对棉花枯萎病的影响在一般情况下远不如气温重要，因为地温只影响病菌对棉株的侵入，当病菌已经侵入棉株，并沿维管束蔓延时，主要受气温的影响。

2. 土壤状况与枯萎病发病的关系 棉花生长发育除需要适宜的气象条件外，也需要良好的土壤条件，良好的土壤条件可以促进棉花健壮生长，并增强对病害的抗病能力，反之则棉株生长不良，抗病性降低。

(1)土壤酸碱度 棉枯萎病菌在pH 2.8～9范围的培养基上均能生长，说明其对酸碱度的适应性很广；但是最适宜的范围在pH 3～5.5之间。有研究认为，枯萎菌无论在酸性或碱性的培养液中，均具有转化为中性的能力。外国科学家的研究表明，棉枯萎病的发生和土壤酸碱度有密切关系，当土壤酸碱度为pH 5.5～5.9时，发病最为严重；而在pH 8以上的土壤中则不引起发病。这一研究结果与枯萎菌对pH值的适应范围是相符合的，即在酸性土壤环境中，适于棉花枯萎病发展危害。综合全国有关研究资料分析，棉枯萎菌在田间引起棉株发病，对土壤酸碱性的适应范围较广，没有十分严格的界限。

(2)土壤质地与地势 从各地调查结果表明，枯萎发病与土壤质地关系不大。黏性土壤、砂性土壤均有枯萎发病严重的棉田，但全国各地调查表明，不论平原还是河谷地区，凡地势低洼，排水不良，地下水位较高的地块，一般发病较重；而高燥地块发病一般较轻。

(3)耕作管理水平　根据多年调查，不良的栽培管理可以加重棉花枯萎病的危害。陕西泾阳个别地块由于种植粗放，管理不良，枯萎死苗率曾高达90%，皮棉单产不足15千克/667米^2。其他如山东高密、河南新乡以及其他许多地区，都有过类似报告。特别是在70年代以前，没有普及棉花抗病品种，这些情况就更加突出。加强田间管理，如适当密植，早间苗，晚定苗，间除病株，及时移栽补苗，早中耕，勤中耕，提高地温，改善环境条件促使棉苗早发，提高抗病能力，均可减轻枯萎发病。

3. 棉花不同生育期枯萎病发生规律　棉花枯萎病的发病高峰一般出现在棉株现蕾期。棉花分期播种试验表明，3月20日至6月15日分期播种的棉苗，播种至发病高峰虽然经过的天数是29～55天，差异较大，但发病高峰均出现在棉株现蕾期，说明现蕾期棉株对枯萎病的抗性较差。这种规律无论是抗病，还是感病品种，通过分期播种和分期接菌，并在大田进行定点对比观察，棉枯萎病的发病高峰期基本上处于棉花现蕾期和始花期。这说明，棉花的这一生育阶段最易受害和发病，在棉花结铃以后不会出现发病高峰。

第四章　棉花黄枯萎病的综合防治

一、棉花黄枯萎病的防治策略

（一）早期防治策略

20 世纪 60 年代我国枯、黄萎病发病面积较小，80％以上是无病区，根据不同病区的防治方法，并从贯彻“预防为主、综合防治”的植保总方针出发，提出“保护无病区，消灭零星病区，压缩轻病区，改造重病区”的防治策略。并制订了划分不同病区的标准。

无病区：没有病株；零星病区：发病株率 0.1％以下；轻病区：发病株率 0.1％～1％之间，没有发病中心；重病区：发病株率 1％以上，或有明显的发病中心。

1. 保护无病区　保护无病区的关键措施，是严格执行植物检疫制度及条例，健全植物检疫机构，加强植物检疫工作。

坚持开展广泛、细致的调查，逐田、逐村、逐乡、逐县调查枯、黄萎病发病情况。一旦发现立即划分疫区，实行封锁，彻底消除。无病区病害的来源，主要是由于调种不慎或自病区运入带病的棉籽饼、棉籽壳、棉柴等携带而来，因此，检疫部门必须严格控制，不准上述物品引入无病棉区。

坚决贯彻执行“四化一供”的种子工作方针和种子消毒，做到种子生产专业化、加工机械化、质量标准化、品种布局区域化和以县为单位统一组织供应种子。不从病区调运棉种，以确保无病。在确有必要引种的特殊情况下，必须同植物检疫单位密切配合，事先认真进行产地检验，所调种子，不论数量大小，都必须进行种子消毒处理。

种子消毒处理方法有两种，一是棉籽浓硫酸脱绒“402”焖种：方法是棉籽浓硫酸脱绒后，用 55℃～60℃“402”热药液2 000倍液浸种 30 分钟，可达到棉籽带菌彻底消毒的效果。二是多菌灵浸种：用 0.5%多菌灵盐酸盐溶液，棉籽和药液比为 1∶4，冷浸 24 小时。具体操作是将多菌灵 5 克、25 毫升稀盐酸溶液，再加入 975 毫升水，加入 0.3%的平平加作为助剂，配成 1 000 毫升药液即可浸种。

2. 消灭零星病区 田间病株率在 0.1%以下划为零星病区，消灭零星病区的办法，首先需要认真调查，除了植保专业人员的经常调查外，还要动员群众，在间苗、定苗、中耕、施肥、整枝等各道工序操作时，结合调查田间是否有可疑病株或病株，既经确认为枯、黄萎病株，除了拔除外，还要在病株处做好标记，进行土壤药剂处理，彻底铲除病源。

零星病株的铲除方法，曾用挖换病土，把病原菌移出地外，这一办法虽然有效，但费工多，费力大，并不经济。因此，最好采用化学药物铲除枯、黄萎病株的方法，主要药物有溴甲烷、氯化苦、二溴乙烷、二溴氯丙烷和粗二二乳剂等。

(1)氯化苦 方法是在病株周围 1 平方米内打孔 25 穴，每穴相距 20 厘米，注药深度为 15～20 厘米，每穴用药量 5 毫升，每平方米共用药 125 毫升。防治效果 90%以上。

(2)二溴乙烷 在温室水泥池内或瓷钵内试验，每平方米病土用 81 毫升 70%的二溴乙烷，溶于 40.5 升水中，灌施，两周后播种，防病效果较好，而对照全部发病。

(3)二溴氯丙烷　每平方米病土用 90 毫升 80％二溴氯丙烷，溶于 40.5 升水中，灌施，铲除效果也较理想。

(4)粗二二乳剂　粗二二乳剂即 DD 混剂，石油化工厂的废液加 2％～5％乳剂混合而成，主要杀菌成分为二氯丙烯和二氯丙烷。每平方米病土用粗二二乳剂 200 毫升，加水 40 千克灌溉，其铲除效果也好。

(5)溴甲烷　这是 20 世纪 90 年代才引入我国的有效土壤熏蒸剂，在西方已应用数十年。方法是将病区土壤翻松，整平，并盖上地膜，每公顷土地用 525 千克，即 10 平方米用一罐(581 克，1 磅)溴甲烷熏蒸 15～20 天，最好在夏季高温时实施，效果最好，最早不能早于 4 月中旬，气温低于 20℃以下时将影响效果。熏蒸完后，应揭开地膜晾晒 7～10 天，使气体完全释放，否则对棉苗有一定的影响。溴甲烷熏蒸可有效地控制土壤中的枯萎病和其他有害生物，包括杂草等。

3. 压缩轻病区　轻病区和零星病区一样，处于中间地位，具有向重病区或零星病区以至无病区转化的可能性。因此，对这类病区病害防治的中心措施是：采取综合措施，立足于压低和控制棉枯、黄萎病的危害，促使其向无病区方面转化。综合防治的措施，包括轮作、换种、种子药剂处理，以及严格控制病田棉籽、棉饼、棉柴和地面枯枝落叶的传病等。

4. 改造重病区　由于重病区造成的危害最大，发病严重时造成病田缺苗断种、甚至绝产失收，所以人们历来重视重病区的防治。20 世纪 60～70 年代改造重病区提出下面几项措施。

(1)种植抗病品种　选育和推广抗枯、黄萎病品种，对防治两病改造重病区为轻病区或零星病区，是最有效的方法。

(2)改变棉田生态条件，控制病害发展　由于棉花枯、黄萎病在低洼地块发病重，所以在这些地区挖排水渠，降低地下水位，以及深翻改土，平整棉田，改变棉田的生态条件，有利于控制病害的发生和发展。长江流域棉区多雨，要特别注意排水，除棉田要做到深沟高畦，排水畅通外，还要注意雨后天晴及时中耕，必须及时清沟排渍，使棉苗根部通气良好，减少病害。

(3)加强栽培管理，提高棉株抗病力　棉田增施底肥和磷、钾肥，切忌偏施氮肥，可以减轻棉枯、黄萎病的危害。无菌土营养钵育苗移栽，可以保证壮苗、全苗。试验证明，育苗移栽比直播减轻病株率达 70.1%。勤中耕松土，可以提高地温和降低湿度，控制病害的发展。

(4)杜绝病害传播　除注意调种、棉饼、棉壳、带菌粪肥的传播以外，特别要防止田间作业的传播。将田间间苗、定苗、整枝、打杈的棉苗枝叶全部带出田外，深埋或烧毁，禁止沤肥。拔棉柴后，扫净棉田落叶、烂铃，集中烧毁，不混入土杂肥，不用病土垫圈、沤肥，可以减轻枯、黄萎病的危害。

(5)实行轮作倒茬　在黄河流域棉区及其他北方棉区，一般认为采取两年三茬的轮作措施，即小麦—玉米—棉花，有减轻发病作用。重病田改种小麦、玉米 5 年以上，再种棉花。在长江流域棉区，采取水旱轮作和间隔轮作对防治棉枯、黄萎病有显著作用，种植水稻一年后播种棉花，发病率为 2.62%，死苗率为 0.7%；连作棉田发病率 35.3%，死苗 30.6%。其中以连种水稻 2 年的效果最好。

近年来。随着种粮效益的提高，植棉相对效益的下降，我国种植结构的改变，建议各棉区发病棉田一律改种粮食作物，有条件的地区最好种植水稻，旱地改种小麦玉米为宜。

(二)中期防治策略

20 世纪 60～70 年代初，枯萎病在四川、陕西、江苏、河南等省高产棉区严重危害。当时四川和陕西育成的抗枯萎病品种川 52-128、陕 4、陕 401 在上述省份重病区示范，收到良好的保苗保产效果。

1972 年 7 月，在西安召开的全国棉花枯、黄萎病防治研究协作会议提出"在重病区，采用以种植抗病品种为主的综合防治措施"，收到显著效果，不少乡村改变了低产面貌。

60 年代末至 70 年代初，全国棉花枯萎病区，在保护无病区，消灭零星病区，压缩轻病区方面作了大量工作，但因棉种大量调运检疫消毒不严，病区在不断扩大。在零星区采用挖出病土，化学药剂铲除病点，轮作倒茬等多种措施并用，但这些方法费工费力，今年铲除几个病点，翌年会出现更多的病点。消灭零星病区在理论上可行，但实际很难达到消灭。因此，零星病区逐渐变成轻病区。而推广抗病品种的示范区重病区逐渐得到控制，病情下降，从重病区向轻病区和零星病区发展，并使产量不断提高。因此"以抗病品种为主，综合防治棉花枯、黄萎病"的策略在短期内被广大科技工作者和棉农所接受。

1972 年，全国棉花枯、黄萎病综合防治协作组成立，开始就在四川射洪、陕西泾三高（即泾阳、三原、高陵三个县）、江苏常熟、河南新乡县建立以抗病品种为主，综合防治棉花枯、黄萎病的样板田（示范区），并收到良好的效果。

陕西省在泾三高三个县建立示范样板田 2.7 万公顷，推广抗病品种陕 4、陕 401 等。1972 年，样板区枯萎发病率 40%左右，至 1975 年，枯萎发病率压低到 5%以下，样板区皮棉产量翻了一番。四川、江苏、河南等地的样板区也获得相似的防病高产效果。至1976年，样板区面积达到8万公顷以上。随着新育成抗病品种丰产性和纤维品质的提高，抗病品种推广面积迅速扩大，至1986年达到100万公顷，1990年达到233.3万公顷，占全国植棉总面积的44.1%，棉花枯萎病的严重危害得到控制。

（三）转基因抗虫棉黄萎病的综合防治技术

1997年，随着我国批准基因抗虫棉商业化，转基因抗虫棉迅速被广泛使用，进入21世纪后，在黄河和长江二大棉区转基因抗虫棉已取代了常规棉花品种。2002年，抗虫棉在河北和山东两省几乎占100%，占河南省的76.6%。新一轮的棉花品种更换正在迅速进行中，其特点即以转Bt抗虫棉代替常规棉花品种。

近年来，品种杂交化、三大棉区相互引种强度加大，是目前棉花生产的典型特征，由此带来的棉花黄萎病蔓延成为转基因抗虫棉生产的主要问题之一。由于黄萎病是土壤传播的维管束病害，防治难度较大，到目前为止，尚没有特效的防治药剂。制定转Bt基因抗虫棉黄萎病的综合防治技术体系，对于抗虫棉的安全生产具有重要实用价值。为此，我们通过数年努力，提出了一套，“以抗（耐）病品种为基础，改善土壤生态条件及诱导棉株抗病性相结合控制棉花黄萎病的危害”的转Bt基因抗虫棉黄萎病的综合防治技术体系。

1. 技术要点 针对转基因抗虫棉代替常规棉成为棉花生产的主栽品种，而黄萎病又日趋严重，且没有十分有效的防治措施，在防治策略上应以提高抗虫棉本身的抗病性入手，尽可能利用抗性好的抗虫棉，同时减少病原菌侵入的几率，创造有利于棉花生长而不利于病害发生的环境条件。①选用抗

(耐)病品种;②采用专用肥料,以及多施底肥,尤其是腐熟的农家肥,包括牲畜家禽肥料,以改善土壤的生态环境,增加土壤中的各种有益微生物,包括绿霉、青霉、放线菌、腐生性细菌等,与病原菌竞争生态位,减少病原菌密度,甚至抑杀病原菌,降低侵入几率。同时,还可以增加土壤肥力,有利于棉花生长,培育壮苗,提高棉花的抗病性;③在黄萎病开始发生之前,采用叶面喷施等方法,每隔 7～10 天喷施 99 植保(300～500 倍液)等诱导植株产生抗性的剂型,并及时进行化控,结合喷施叶面肥(钾肥),进一步提高棉花的抗病能力,使本身已具备抗(耐)病的品种抗病性进一步提高。采用上述措施,即使是重病田,病情指数也可以控制到低水平,明显增强品种的抗病性,使产量的损失降低,而在一般病田,黄萎病几乎很少发生,对产量基本没有明显影响。

2. 操作程序与操作标准

(1)播种前准备

①种植抗(耐)病品种:抗(耐)病品种是本套综合防治技术体系的根本,在病区必须严格选择具有一定抗(耐)病能力的品种为基础。适合长江和黄河流域病区种植的转 Bt 基因抗虫棉主要有,中植棉 2 号、中植棉 6 号、冀 298、冀 616、中棉所 41 号(新系)、中棉所 58 号和鄂杂棉 17 等。

②轮作:有条件的重病田,与水稻轮作一年以上,种 2～3 年棉花后再与水稻轮作;或与玉米、小麦轮作 2 年,再种棉花。

③改善土壤生态条件:棉花黄萎病原菌是一种土壤习居菌,寄主范围很广,目前已报道的寄主植物有 660 种,同时是一种维管束系统性全生育期病害,防治难度较大。由于这种病原菌长年存在于土壤,我们可创造一种不利于其生长存活的生态环境。实践表明,在大量增施有机肥的情况下,土壤中的病原

菌数量直线下降，而各种有益微生物大量增加，黄萎病发病率直线下降。每667平方米施2 000～3 000公斤厩肥，最好为牛羊粪肥或经过堆制腐熟的玉米秸秆，磷酸二铵15千克，标准钾肥10～15千克。重施底肥，尤其是有机肥，尽可能多施。

(2)播种　最好在4月中下旬，有可能的地方最好采用地膜，以促使早出苗，培育壮苗，提高棉花抗病性；提高播种质量，包括适墒播种(土壤含水量应为最大持水量的70%～80%)，保证出苗质量。合理密植，黄河流域棉区根据株型大小，密度控制在2 500～3 000株/667平方米；长江流域棉区1 500～2 000株(杂交棉)。保证棉田通风透光。

(3)平衡施肥　重施底肥，提前追肥，有机肥、磷钾肥全部底施，后期增施钾肥，结合喷施化控，改善土壤生态条件，在6月底开始，每7～10天喷施叶面抗病诱导剂，如威棉1号、99植保、活力素等300～500倍液，或磷酸二氢钾等。

(4)及时整枝　抗虫棉由于前期抗虫性强，往往下部蕾铃均可成铃，这样会过早消耗棉株养分，降低棉花抗病性，诱发黄萎病和早衰，故最好在现蕾后，在去除叶枝(捋裤腿)时去除第一至第二果枝，同时，将下部3个果枝的花蕾数控制在3个以内，以便棉株的营养生长，同时可增强棉株的抗病性。

(5)喷施叶面肥　从现蕾开始，应用抗虫棉专用型调节剂或缩节胺，每667平方米用1克，对水15～20升喷施；初花期每667平方米用2～3克，对水20～30升喷施；花铃期每667平方米用3～4克，对水30～40升喷施。同时，将叶面抗病诱导剂，如威棉1号、99植保、活力素等300～500倍混均喷施。在8月中旬以后，还应继续喷施叶面抗病诱导剂2～3遍，至9月10日左右。

采用上述措施后可有效提高抗虫棉本身的抗病性，使抗耐黄萎病品种的抗病性进一步提高到抗，甚至达到高抗水平，对产量的影响得到有效的减轻，尤其在控制早期黄萎病发生，推迟该病发生时期是显著的。

二、棉花抗病品种的培育和应用

(一)品种资源抗枯、黄萎病鉴定

品种资源是抗病育种的物质基础，尤其是抗源的收集、创造、鉴定和筛选是选育抗病品种的重要手段。

1. 抗枯萎病和黄萎病鉴定方法 20 世纪 50 年代四川省简阳棉花试验站等单位即开始在重病田进行抗枯、黄萎病鉴定工作，至今仍然是自然病圃或人工病圃田间鉴定抗性鉴定的主要方法。病圃田间鉴定具有鉴定结果准确、方法简便、经济、效果好等优点。20 世纪 70 年代，中国农业科学院棉花研究所等单位改用水泥池(槽)，人工接种黄萎病菌，进行抗性鉴定，收到较好的效果。水泥池鉴定的优点是土壤菌量容易掌握，且分布均匀，便于控制，缺点是发病往往重于大田。

为寻找快速鉴定方法，70 年代末至 80 年代，中国农业科学院植物保护研究所、棉花研究所等单位经过多年试验研究，均认为纸钵撕底蘸根法是快速、准确、易操作的温室苗期抗黄萎病鉴定的良好方法。抗枯萎病温室鉴定为纸钵菌土法，该方法目前已成为国内抗病鉴定的常用方法。但该方法发病较重。90 年代初，简桂良等对底低蘸根法进行了改进，改为无底塑钵菌液浇根法，克服了发病重，纸钵易破的缺点，鉴定结果与田间结果基本一致。

为了探索新的快速抗黄萎病鉴定方法，80 年代末，不少单位开展了采用黄萎病菌毒素鉴定法，如戴光辉等(1989)利用棉花品种根冠细胞对黄萎病菌毒素的敏感性。章元寿等(1991)用棉花大丽轮枝菌毒素进行抗黄萎病鉴定研究，获得一些试验结果，应进一步深入研究。

2. 我国棉花品种资源抗枯萎病性 20 世纪 70 年代末，罗家龙等首次对我国保存的 3 761 个棉花品种资源进行了室内抗枯萎病鉴定；孙文姬等(1990)从 1972～1988 年在北京温室内，北京及河南新乡田间，对 3 677 份(次)品种资源进行了抗枯、黄萎病鉴定，其中 1 211 份材料进行抗枯萎病鉴定。史大刚等(1991)对海岛棉 253 份，陆地棉 299 份种质材料进行了抗枯、黄萎病鉴定。

棉花品种资源抗枯、黄萎病鉴定被列为“六五”至“八五”国家重点科技攻关项目，由中国农业科学院植物保护研究所、棉花研究所承担，对我国保存的棉花品种资源，包括陆地棉、海岛棉和亚洲棉，近 4 000 多个品种资源进行了较为全面的抗枯、黄萎病鉴定，并将鉴定结果输入国家种质资源库。朱荷琴等(1998)对 90 年代参加全国抗病棉花品种区域试验，包括黄河区试、长江区试、麦套棉区试和夏棉区试的 60 个品种，抗枯、黄萎病鉴定结果表明：高抗枯萎病品种 24 个，其中包括中杂 104、川 239、邯 621 等；抗病品种 13 个，包括中 161、石远 321 和鄂抗棉 3 号等；耐病品种 15 个，感病品种 8 个。高抗或抗枯萎病品种出现率为 61.7%，抗黄萎病的品种有 158-49、中 275 和 92-047 等 6 个品种；耐黄萎病品种有邯 624、中杂 104、石远 321 等 22 个；感病品种 32 个。抗或耐黄萎病品种的出现率为 46.7%。

3. 我国棉花品种资源抗黄萎病性 陈振声(1980)采用田间黄萎病病圃种植的方法，在 1973～1980 年，经过 8 年鉴定品种资源 580 个;李成葆等 1983～1986 年,采用无底纸钵定量蘸菌液法,对 911 份陆地棉资源进行了抗黄萎病鉴定。结果表明,从国外引进的 195 份材料中,高抗类型 1 个,占 0.51%;抗病型 14 个,占 7.18%;耐病型 29 个,占 14.88%;感病和高感型 151 个,占 77.4%。国内材料 716 份,其中高抗型 1 个,占 0.41%;抗病型 32 个,占 4.47%;耐病型 155 个,占 21.67%;感病和高感型 528 个,占 73.74%。孙文姬等 1983～1988 年对 2 466 份品种资源进行抗黄萎病的鉴定,其中 394 份材料在温室用纸钵撕底蘸根法,2 072 份在田间黄萎病圃鉴定。鉴定结果为:高抗型 22 个,占 0.89%;抗病类型 90 个,占 3.65%。史大刚等(1991)对 253 份海岛棉种质资源进行抗黄萎病鉴定,结果除 5 个耐病外,其余均为抗病或高抗。对 299 份陆地棉抗黄萎病鉴定,结果除塔什干 1 号属耐病型外,其余均属感病型。

"七五"国家科技攻关期间,以中国农业科学院棉花研究所为主持单位的棉花种质资源繁种与抗性鉴定协作组,对 4 251 份棉花种质进行抗黄萎病鉴定,上述抗黄萎病鉴定结果均已输入国家种质资源库。

(二)抗病品种综合性状的提高

国外棉花抗病育种工作开始较早。1895 年,美国农民 RⅣers 选育出世界上第一个抗枯萎病的海岛棉品种 RⅣers,20 世纪 40 年代育成陆地棉抗枯萎病品种 Coker100,70 年代育成并推广了对枯、黄萎病各具抗性和耐性的陆地棉品种有 Coker310 、McNair210、Coker5110、Coker312、Sp21、Acala SJA、Acala SJ5、Acala 1517/AE-1、Locker 77、岱字棉 55、Coker304 等品种,原苏联育成高抗黄萎病的塔什干 1～6 号。

我国棉花抗病育种工作在建国初期即已开始，1952年，四川省农业科学研究所、西南农业科学研究所和简阳农业试验点组成枯萎病防治工作组，与当地干部结合，深入到射洪县棉花枯萎病区采用系统育种方法，从当地推广的感病品种德字531枯萎病严重病田中，选出无病单株，经多年连续选育，于1956年选育出我国第一个抗枯萎病的抗源品种——川52-128，又从岱15中系选育成川57-681，这两个抗源品种的育成，拉开了我国棉花抗病育种的序幕。随后，我国棉花抗病育种发展迅速，成绩显著，尤其是80年代取得的成绩更为突出，至1990年，先后育成抗枯、黄萎病品种(系)共95个，其中50年代5个，60年代13个，70年代29个，80年代48个。70年代育成品种的丰产性已接近同一时期推广的感病品种的水平，80年代育成品种的丰产性已达到和超过感病品种的水平。80年代末育成的品种不但抗枯萎病，而且兼耐黄萎病。

90年代以后，各育种单位抗病育种与常规育种合并，抗病品种区试与常规区试合并，各类育成品种超过150个，大部分品种抗枯萎病，部分品种兼抗(耐)黄萎病，并且向抗病、抗虫等多抗方面发展。

从50～90年代，在不同时期育出了满足当时生产急需的抗病、高产、品质优良的抗病品种，如抗枯萎病抗源品种川52-128、抗枯萎耐黄萎品种陕1155、中植86-1号、中棉所12号等，这几个品种在20世纪80年代分别获得国家发明一、三、二和一等奖。

1. 抗病性的提高　50多年来，我国自育的品种抗病性不断提高。例如，50年代育成的抗枯萎病品种川52-128枯萎发病率32.3%，病指为17.2；60年代育成的陕401枯萎病发病率降低到9.5%，病情指数4.0；而70年代育成的中植86-1

号，经全国区域试验，两年45个试验点鉴定，枯萎病平均发病率仅2.5%，病情指数1.4，与感病品种比，防病效果达97.7%。我国自己选育的抗枯、黄萎病品种比国外引进品种抗性强，这可能由于生态条件与病原菌生理小种不同所致。例如，经中国农业科学院植物保护研究所鉴定，从美国引进的抗枯萎病品种登思118，发病率20.0%，病情指数11.1；而中植86-1号发病率仅为3.2%，病情指数2.2。1977年，陕西植物保护研究所将美国推广面积较大的抗病品种SP37等与中植86-1号进行苗期室内鉴定，SP37发病率为63.5%，病情指数46.4；而中植86-1号发病率12.9%，病情指数5.7。

1974年，河北省邯郸地区农科所，在黄萎病重病田将国外引进的品种与我国自育品种进行抗性比较，辽棉5号、中8004在8月23日发病率分别为3.5%和9.5%，病情指数分别为0.9和3.3，而引进品种抗性最好的派马斯特111A（表4-4）同期发病率达到36.6%，病情指数为16.7，抗病性比我国自育品种差。

上述试验鉴定结果说明，70年代我国自育的棉花抗病品种的抗性已居国际先进水平。

表4-4　我国抗黄萎病品种与引自美、苏品种的抗性比较

品　种	7月23日		8月23日	
	病株(%)	病情指数	病株(%)	病情指数
辽棉5号	5.6	1.4	3.5	0.9
中8010	17.0	5.2	22.7	6.8
中8004	7.3	2.4	9.5	3.3
岱16	52.3	17.0	58.0	18.9
登思119	12.5	4.4	36.6	16.7

续表 4-4

品　种	7月23日		8月23日	
	病株(%)	病情指数	病株(%)	病情指数
派 111A	43.4	18.8	64.2	30.2
珂 312	47.7	21.0	50.7	18.3
SP-21	57.0	30.4	79.4	48.3

注:河北省邯郸地区农科所黄萎病圃,1974

80 年代育成的品种不但抗枯萎病,而且兼抗黄萎病的性能普遍提高。在育成的 48 个品种中,有 20 个兼抗(耐)黄萎病,占育成总数的 41.7%。例如,中棉所 12 和冀棉 14 抗枯萎病性能与 70 年代育成的中植 86-1 号相当,而且对黄萎病有较好的耐病性。90 年代育成的部分品种抗黄萎病性能比中棉所 12 有大幅度的提高,如淮阴 910、86-6、川 737、川 2802、BD18、9456D 和豫棉 19 等。尤其是豫棉 19,在 90 年代末在河南、山东、河北得到大面积推广,年度最大面积 33.3 万公顷以上,对控制黄萎病的危害起到一定作用。

2. 丰产性的提高　50 年代育成的川 52-128 等品种衣分率仅为 31.3%,丰产性较差,所以未能大面积推广。60 年代育成的陕 401 衣分率达到 38%,丰产性有了显著的提高,在枯萎病重病田发挥了抗病增产的效果。

70 年代中国农业科学院植物保护研究所育成高抗枯萎病、高产品种中植 86-1 号,衣分率达到 39.8%;在 1976～1977 年全国抗病品种区域试验中,两年 45 个试验点平均比陕 401 增产 18.9%;在 1976～1978 年黄河流域无病田与常规感病品种比,增产 5.6%。中植 86-1 的育成说明 70 年代育成的抗病品种丰产性已接近或达到常规感病品种的水平(表 4-5)。

表 4-5　1976～1978 年 86-1 号在黄河流域无病田与常规品种丰产性比较

年　份	品　种	试验点次	皮棉产量（千克/公顷）	比感病对照增产（%）
1976	中植 86-1	2	1185.0	16.1
	徐州 142	2	1026.0	
1977	中植 86-1	3	969.0	0.2
	徐州 142 等	3	955.5	
1978	中植 86-1	12	975.0	5.3
	徐州 142	12	955.5	
平均	中植 86-1	17	1009.5	5.7
	徐州 142	17	963.0	

80 年代育成的抗病品种在丰产性上有更进一步的提高。长期以来，棉花抗病育种存在着产量、品质、抗性三者呈负相关的难题。通过全国联合育种攻关，选育出的中棉所 12 和冀棉 14 两个综合性状较好的品种，初步改善了抗病、产量、品质三者的关系，使其均衡协调发展，其中抗性及产量已达到国际先进水平。例如，中棉所 12 在黄河流域抗病区域试验中，两年平均皮棉单产达 1 380 千克/公顷，与同期的黄河、长江两流域常规区域试验对照种冀棉 8 号和泗棉 2 号 1 380 千克/公顷的丰产性完全相同。1987 年黄河流域无病田生产试验，中棉所 12 皮棉产量高达 1 554 千克/公顷，比对照冀棉 8 号(1 486.5 千克/公顷)增产 4.5%(表 4-6)。1986 年中美高产品种联合试验，在美国，冀棉 8 号产量居首位，在国内同期中棉所 12 产量超过冀棉 8 号。这一结果间接说明中棉所 12 的丰产性达到国际先进水平。

据全国抗病区域试验，应用模糊数学综合评判，按产量、抗病、纤维品质、出苗等18个性状，综合求出模糊评判值，并计算模糊值的变化率。结果表明，两流域各批品种的综合性状逐步提高，变化梯度较大。这说明，80年代我国棉花抗病育种的水平得到明显提高，其中中棉所12品种综合性状结合得更好，标志着我国80年代育种已取得突破性进展，跨入了国际先进行列。

表 4-6　1987～1988 年黄河流域无病地棉花生产试验产量性状

年份	品种	试点数	皮棉产量（千克/公顷）	皮棉产量为对照（%）	%	霜前皮棉产量（千克/公顷）	霜前皮棉产量为对照%
1987	中12	3	1554.0	104.5	95.3	1482.0	106.5
	冀棉11	3	1393.5	93.0	96.0	1353.0	97.2
	冀棉8号(CK)	3	1486.5	100	93.1	1392.0	100
1988	豫棉4号	5	996.0	106.9	76.1	757.5	113.7
	中6311	5	942.0	101.1	74.4	700.5	105.2
	中12	2	972.0	104.4	82.3	760.5	114.1
	冀棉8号(CK)	5	931.5	100	71.5	666.0	100

注：1987～1988年黄河流域棉花品种试验总结

90年代已不再分抗病育种和常规育种，育成的各类型品种绝大多数具有良好的抗枯萎病性能。抗枯萎，兼抗黄萎，丰产性及品质均较好，推广面积大的品种是豫棉19号，成为90年代抗枯、黄萎病育种的代表品种。

3. 纤维品质的提高　20世纪50年代和60年代，我国的育种在重视丰产性和抗病性的同时，对纤维品质的改良注意不够，因此育成品种的纤维品质较差。70年代末育成的抗病品种中植86-1号、陕1155的纤维品质已经相当或略好于当时推广的常规品种鲁棉1号和中棉所8号(表4-7)。80年代对育成品种的纤维品质提出了较高的要求,各育种单位十分重视提高品种的纤维品质。育成品种的纤维品质又有明显的提高(表4-8)。

表4-7　1979年抗病品种与常规感病品种纤维品质比较

品种	试验类型	衣分(%)	分梳绒长(毫米)	主体长度(毫米)	细度(米/克)	强力(克)	断裂长度(千克)	品质指标	综评等级
中植86-1	抗病区试无病点	40.7	31.3	27.5	5750	3.95	22.7	2313	上等优级
陕1155	抗病区试无病点	37.0	30.1	28.3	6098	3.51	21.3	2092	一等优级
鲁棉1号(CK)	抗病区试无病点	37.4	30.4						
中棉所8号	黄河流域区试无病地	42.7	29.5	26.8	6288	3.50	21.9	2206	上等一级
鲁棉1号(CK)	黄河流域区试无病地	35.0	29.8	29.0	5858	3.34	19.8	2079	上等一级

表4-8　我国棉花抗病品种综合性状的提高

代表品种	育成时间	抗病性病指	绒长(毫米)	衣分(%)	强力(克)	细度(米/克)	断长(千米)	皮棉产量(千克/公顷)	对照品种	比对照增产(%)
川57-681	1952-1956	抗枯12.8	31.0	31.2				750		
陕401	1963-1969	抗枯3.2	30.0	38.0	3.84	5700	21.89	885.0	陕4	12.1
中植86-1	1972-1977	抗枯1.4	30.3	39.8	3.63	5783	21.00	1062.0	陕401	18.9
中12	1983-1987	兼抗	30.7	41.0	3.95	5765	22.80	1378.5	晋棉7	15.6

*资料引自:马存、陈其瑛,我国棉花抗枯、黄萎病育种研究进展,中国农业科学,1992(1):50-57

20世纪90年代育成的150多个各种类型品种，绝大多数抗枯萎病。杨伟华等(2001)对我国"六五"至"九五"期间棉花品种的纤维品质进行研究分析比较(表4-9)。

表4-9 "六五"至"九五"期间我国棉花品种纤维品质概况

时期		六五 (1981～1985)	七五 (1986～1990)	八五 (1991～1995)	九五 (1996～2000)
品种个数		35	41	70	111
2.5跨长/mm	平均值	29.2	29.5	29.4	29.0
	上下限	26.4～31.0	27.2～31.7	27.0～32.6	26.7～32.8
比强度/ $cN.tex^{-1}$	平均值	19.9	20.3	20.6	21.3
	上下限	17.6～22.2	16.9～22.4	15.2～24.9	18.1～25.9
麦克隆值	平均值	4.3	4.4	4.4	4.5
	上下限	3.9～4.8	3.9～5.1	3.7～5.5	3.4～5.7

从表中看到，纤维长度"六五"至"九五"没有变化，比强度由"七五"的20.3 $cN.tex^{-1}$提高到"九五"的21.3 $cN.tex^{-1}$。麦克隆值差异不大，但有纤维变粗的趋势。

(三)我国棉花抗病品种的选育

全国棉花枯、黄萎病综合防治协作组于1972年提出，以抗病品种为主的综合防治棉花两病的策略，我国棉花枯、黄萎病综合防治工作得到迅速发展，抗病品种(主要是抗枯萎病)面积由1977年的16.7万公顷发展到1990年的233.3万公顷，占全国植棉总面积的44.1%，枯萎病的严重危害基本得到控制。据不完全统计，1975～1993年，全国累计推广抗病品种1 533.3万公顷，增产皮棉17.25亿千克，折合人民币

172.5 亿元。目前，棉花抗病品种约占植棉总面积的 85%，每年增加收入在 40 亿元以上。棉花抗枯、黄萎病品种选育及推广为我国棉花的持续高产、稳产做出了重大贡献。

20 世纪 80 年代，由国家科委、计委和农业部联合组织全国 11 个主产棉省的科研、教学等 19 个单位的科技力量，从 1983 年起开始了“六五”、“七五”棉花育种攻关，分为优质多抗、专用棉、抗性品质鉴定、基础理论四个专题，主攻优质、高产、多抗三方综合性状的提高。具体指标：培育出新品种的枯萎病情指数 10 以下，纤维断长 22.5 千米以上，经各协作单位通力合作，育成大批优良抗病品种。

据统计，1981～1990 年仅参加全国棉花抗病品种区域试验的新品种(系)就达 42 个：晋棉 7 号(4023)、晋 206、晋 79-105、晋 1729、晋 1812、陕 8092、陕 904、鲁 74-61、鲁 229-1、鲁 1024、鲁 5677、鲁 115、勃棉 4 号、平度 28、冀植 17、冀棉 7 号(321)、冀棉 14(3016)、冀合 328、冀棉 13(36-3)、冀 8425、石选 37、石 8409、豫 7910、刘庄 3 号、洛 06、中棉所 31、中 7263、中棉所 12(381)、中棉所 6331、中 206、中植 86-4、川 414、川 109、绵四-3、川盐 80-14、盐棉 48、湘棉 10 号、湘86-385、鄂 5601、浙 4114 等。还有参加省级抗病区域试验和全国常规区域试验并经过审定的抗病品种 6 个：辽棉 7 号、川盐 1 号、苏棉 1 号、豫棉 4 号、鲁棉 7 号、秦棉 1 号。这一阶段全国共育成 48 个抗病优良品种，比 50 年代育成品种增加 8.6 倍，比 60 年代增加 2.7 倍，比 70 年代增加 0.6 倍。

80 年代，通过全国区域试验鉴定，向不同棉区推荐三批优良品种。第一批是 1982～1984 年，推荐适宜长江流域枯萎病区种植的抗病品种湘棉 10 号，22 点次平均皮棉单产比对照中植 86-1 增产 5.2%。该品种是 1977 年以来长江流域第一个增产率超过对照5%的品种,1985年湖南省农作物品种审定委员会通过审定。至1989年累积推广4.3万公顷;推荐适宜黄河流域病区种植的品种有晋棉7号(临汾4023)、冀棉7号(冀合321)、陕8092、中31等,其中晋棉7号连续三年平均皮棉单产比对照陕5245增产14.9%,表现了高产稳产、早熟、品质好的特点。1985年推广面积4.3万公顷,随之成为黄河流域抗病品种区域试验的对照品种。

第二批是1985～1986年,推荐适合于黄河流域枯、黄萎病混生病区种植的冀棉14(原冀合3016)和中棉所12(原中381)两个品种,前者品质优良,断裂长度达23.8千米,居区域试验各品种之首位,且兼抗性好。冀棉14于1987年河北省通过审定,1989年推广6万公顷。中棉所12是80年代抗病育种最突出的成就。该品种高抗枯萎病,兼耐黄萎病,高产稳产,纤维品质较好,适宜黄河流域和长江流域枯、黄萎病区种植。在黄河、长江流域的区域试验中,中棉所12的霜前皮棉单产比对照晋棉7号和中植86-1号分别增产17.5%和11.5%,先后经河南、山东、山西、浙江等五省审定或认定,1989年通过国家品种审定委员会审定,至1992年在全国推广面积达166.7万公顷,是我国抗病品种中推广面积最大的品种。此外,推荐适宜不同地区种植的抗病品种还有盐棉48、川414和鲁1024等。

第三批是1987～1988年向黄河流域病棉区推荐兼抗品种中6331、冀合372和豫洛06等。这几个品种的兼抗性及品质又有所提高。

从1989年开始,全国棉花常规品种区域试验与全国棉花抗病品种区域试验合并,这标志着我国棉花抗病育种进入了一个以培育抗病品种为主的新时期,丰产、抗病、优质成为棉花育种家共同追求的目标。

（四）90 年代后的抗病品种特点

90 年代以后，抗枯萎病和黄萎病品种育种具有下述几个特点。

1. 育成并通过审定的品种多、类型多 1989 年开始，全国棉花常规品种区域试验与抗病品种区域试验合并，大部分育种单位常规育种与抗病育种合并，这标志着我国棉花抗病育种进入一个新的时期。抗枯、黄萎病高产、优质成为各种类型棉花育种家的共同目标。90 年代育成并通过审定的品种近 50 个，绝大部分对枯萎病有良好的抗病性，部分品种对黄萎病有较好的耐病性。90 年代育出的夏棉、低酚棉、杂交棉以及抗旱棉等，大部分对枯萎病有较好的抗性，这是 90 年代以前所没有的，如夏棉品种中棉所 16、低酚棉冀无 252、湘棉 16、杂交棉中棉所 29、晋棉 13 和赣棉 8 号等。

2. 育成品种抗枯萎病性能水平较高 朱荷琴等（1998）对 1990 年代参加国家品种区域试验，包括黄河区试、长江抗病区试、麦套棉区试和夏棉区试三轮试验的 60 个品种，进行抗枯、黄萎病分析，结果看到，参加品种抗枯萎病性水平较高，而抗黄萎病性和兼抗性水平较低。90 年代以来，参试品种的抗病性发展趋势为抗枯萎病性在达到较高水平后趋于稳定；抗黄萎病性和兼抗性为上升趋势。不同熟性品种的抗病性有明显差异，表现为早熟棉品种的抗枯、黄萎病性和兼抗性均优于中熟棉品种。来自黄河流域棉区参试品种的抗病性明显优于来自长江流域棉区的参试品种。

例如，江苏省淮阴市种子公司育成淮阴 910，1993 年在黄萎病大发生的条件下，在江苏省泗阳县仓集镇品种比较试验田鉴定结果，盐棉 48 黄萎病发病率 59.5%，病情指数 25.8，泗棉 3 号发病率 52.6%，病情指数 26.8；而淮阴 910 的发病率仅为 2.5%，病情指数 0.51，并且在江苏省大丰县品种比较试验田也获得相似结果。中国农业科学院植物保护研究所育成的双抗新品系中植 86-6 号，1993 年参加河南省棉花品种区域试验，在郑州试点，对照中棉所 12 原种因黄萎病落叶成光杆的重病株率 19.2%，而中植 86-6 号重病株率仅为8.5%，在周口地区农科所试点，中棉所 12 黄萎病发病率43.3%，中植 86-6 号发病率为 19%。两个试验点中植 86-6 比中棉所 12 的抗黄萎性能分别提高 55.7%和 54.5%。该品系 1994 年参加河南省生产试验，并在豫、鲁、冀三省黄萎病重病田示范 333.3 公顷。1996 年示范面积达到 1.33 万公顷。1990 年代初四川省棉花研究所育成抗黄萎病抗源种质川 737、川 2802，经多年多个省鉴定结果，川 737 平均病指 19.0，川 2802 平均病指 17.0，感病对照中植 86-1 号等平均病指 44.8，中棉所 12 平均病指 25.3。鉴定结果还表明，上述两个抗源品种对我国黄萎病三大生理型 11 个不同菌系均有很好的抗性，并高抗枯萎病。利用这两个抗源已育出一批抗黄萎病性能好的材料。

1997 年，中国农业科学院植物保护研究所育成抗黄萎病棉花新种质 BD18，经 6 年 8 省(市)18 个单位 27 次抗黄萎病鉴定，结果平均病指 11.7，感病对照病指平均 57.5，BD18 抗黄萎病接近高抗类型，并且抗枯萎病。到 1999 年已有 8 个省 16 个单位，利用 BD18 为抗源，育出一批抗黄萎病性能有显著提高的新品系。

新疆维吾尔自治区石河子大学农学院与新疆维吾尔自治区生产建设兵团农五师农科所等合作，1994 年将辽棉 15 的总 DNA，利用花粉管通道法导入受体 90-2 中，选育出抗黄萎病的新品系 9456D。1998 年经中国农业科学院植物保护研究所抗黄萎病鉴定，黄萎病指 15.60，抗性在被鉴定的 238 个品种中名列第一。

河南省经济作物所 1999 年育成高抗枯萎病，兼抗黄萎病的豫棉 19（春矮早），1996 年中国农业科学院棉花研究所鉴定，黄萎病指 13.1，枯萎病指 1.6。该品种在河南、河北、山东黄萎病区得到大面积推广。

3. 抗病育种开始向抗病、抗虫和多抗方向发展 90 年代初抗病育种者将抗虫性作为育种目标，抗虫育种者也将抗病性作为自己的育种目标，并已育出一些抗病兼抗虫的新品种（系）。例如，河南省经济作物研究所育成抗枯萎病兼抗螨虫的品种豫棉 8 号，1992 年通过审定。四川省棉花所育成抗枯萎病兼抗蚜虫的新品种川棉 109，1993 年通过四川省审定。

1992 年棉铃虫在全国，尤其是北方棉区爆发，使黄河流域棉区植棉面积迅速压缩，抗虫性成为棉花育种家的主要育种目标。90 年代中期，美国转 Bt 基因抗虫棉 33B 进入我国，90 年代末具有我国自己的知识产权，转 Bt 基因抗虫棉 GK 系列品系开始在田间大面积示范，SGK321 审定及推广，到 2000 年，抗虫棉在黄河流域棉区已经得到普及，2003 年起，在黄河流域的山东、河南、河北省几乎 100％是转 Bt 基因抗虫棉。抗虫、兼抗枯、黄萎病的多抗育种成为 21 世纪棉花育种的发展方向。

2006 年，中植棉 2 号、冀棉 958 通过了全国品种审定委员会的审定，这是我国首次通过审定的达到抗黄萎病性的品种。2007 年，冀棉 616 通过了河北省品种审定委员会的审定（表 4-10），这标志着我国转 Bt 基因抗虫棉抗黄萎病育种取得了重大进展，经过 2 年在我国各重病区的试验，这几个品种的黄萎病抗性均表现出良好的抗病性，充分表明这些转 Bt 基因抗虫棉的黄萎病抗性真正达到抗性水平，黄萎病抗病性和抗虫性及产量等得到了良好的协调，转 Bt 基因抗虫棉的黄萎病危害有望得到有效的控制和解决。

表 4-10　通过审定的抗黄萎病转 Bt 基因抗虫棉品种

品种名称	培育单位	黄萎病抗性	枯萎病抗性	产量水平(区试)	
				皮棉千克/667 米^2	比对照增产%
中植棉 2 号	中国农业科学院植物保护研究所，河南科林种业公司	抗	高抗	93.7	12.2
冀棉 958	河北省农林科学院棉花研究所	抗	抗	94.8	16.6
冀棉 616	河北省农林科学院棉花研究所	抗	抗	98.2	19.22

* 数据来源：中国棉花科技网 http://www.cricaas.com.cn/breed/guoshen.htm

与此同时，还有一些非转 Bt 基因棉品种也达到抗黄萎病水平，通过了有关省份的新品种审定，这些品种在一些地区也得到广泛的应用(表 4-11)。

表 4-11 新通过审定的抗黄萎病棉花品种抗病性

品种名称	枯萎病抗性	黄萎病抗性	鉴定单位	审定编号
冀 668	7.49	13.88	中国农科院棉花研究所植保室鉴定	2000 年通过河北省农作物新品种审定;2001 年通过全国农作物新品种审定
冀棉 298	5.6 14.95	51.7	河北省植保所抗病性鉴定两年平均结果	2004 年 2 月通过河北省品种审定委员会审定
冀杂 3268	4.49	16.69	中棉所植保室抗病鉴定结果	2005 年 12 月通过河北省审定(冀审棉 2005005 号)
豫棉杂一号	0.56	18.65	1999～2000 年经河南省农科院植保所田间病圃鉴定	2004 年 3 月通过河南省品种审定委员会审定
鲁棉研 21 号	6.61	21.37	全国黄河流域区试抗病性鉴定结果	2005 年 3 月通过山东省审定,2005 年 4 月通过国家审定
辽棉 17 号	0.53	7.33	人工病圃鉴定	2000 年 12 月通过辽宁省农作物品种审定委员会审定
辽棉 18 号	0.38	7.15	人工病圃鉴定	2002 年 12 月通过辽宁省农作物品种审定委员会审定
辽棉 19 号	0.69	8.89	人工病圃鉴定	2003 年通过辽宁省农作物品种审定委员会审定
皖棉 19	0.45	1.66	人工病圃鉴定	2003 年 1 月通过安徽省品种审定委员会审定(编号:03100364)

*数据来源:中国棉花科技网 http://www.cricaas.com.cn/breed/guoshen.htm

(1)抗病性　转基因抗虫棉抗病品种的综合性状不断提高，但黄萎病抗病性均不尽人意，大多数品种表现为高度感黄萎病，仅个别品种黄萎病抗性得到较大幅度提高，但仍未培育成功高抗黄萎病的品种。如80年代的中棉所12和90年代的豫棉19号不但高抗枯萎病，而且对黄萎病也有较好的抗病能力，达到耐病；而这两年培育成功的代表性品种中植棉2号和冀棉958，不仅高抗枯萎病，而且对黄萎病的抗病性也达到了抗的水平，在病圃鉴定，其病情指数低于20，而在一般病区，发病率可以控制在15%以下，即使是重病田，发病率也可控制在30%以下，病情指数甚至低于10，很少见到重病株，对产量的影响很轻。

(2)丰产性　20世纪50年代育成的川52-128由于衣分仅31.2%，产量低，未能大面积推广。60年代育成的陕401，衣分达38%，皮棉产量比川52-128有较大提高。70年代育成的中植86-1号衣分达到39.8%，在1976～1977年的全国抗病品种区域试验中，平均比对照陕401增产18.9%，在无病田试验中比感病品种徐州142等增产5%。80年代育成的中棉所12在无病田的丰产性达到或略高于感病品种。90年代育成的豫棉19号丰产性比对照中棉所17号增产16.5%。而成功培育的代表性品种中植棉2号和冀棉958，其产量水平已超过感病品种，增产幅度达到10%以上，增产显著。

(3)纤维品质　我国50～70年代的抗病育种仅注重了品种的抗病性和丰产性，对提高纤维品质重视不够，因而育成品种的纤维纺织性能较差。80年代把提高纤维品质列为重要育种目标之一，育成的中棉所12其纤维强力达4g，比70年代育成的86-1号(强力3.6克)有较明显的提高。90年代育成的豫棉19，品质比中棉所12又有提高，2.5跨长达31mm，比强度 21.4，纤维品质各项指标均达到“九五”国家棉花育种攻关标准。中植棉 2 号、冀棉 958，也基本上达到丰产品种的水平(表 4-12)。

表 4-12　新通过审定的抗黄萎病 Bt 基因抗虫棉品种纤维品质

品种名称	衣分(%)	铃重(g)	纤维长度(mm)	比强度(cN/tex)	马克隆值	整齐度指数(%)
冀棉 616	40.2	5.4	31.2	29.5	4.9	84.9
冀棉 958	40.3	5.3	30.0	32.0	4.6	84.2
中植棉 2 号	39.9	6	29.0	29.2	4.7	85.6

(五) 我国棉花抗病品种应用

1. 抗病品种应用的初级阶段(1970～1977 年)　1970 年陕西省棉花所育成抗枯萎病品种陕 401，经陕西及全国抗病品种区域试验鉴定，表明该品种在枯萎轻病田比感病对照品种增产 17.3%，在重病田比感病品种对照增产 42.1%。1972 年，在农业部的领导下成立了全国棉花枯、黄萎病综合防治研究协作组。1973 年协作组提出以种植抗病品种为主的综合防治棉花枯、黄萎病的策略，并在河南新乡县，陕西省径阳县、三原县、高陵县和江苏常熟县等地建立以抗病品种为主的综合防治示范区，对全国采用抗病品种来防治枯、黄萎病工作起了重要的推动作用。1986 年，陕西径阳、三原和高陵三个县的 2.67 万公顷示范区，枯萎病发病率由 40%～50%降低至 5%以下，皮棉产量翻了一番。陕 401 在河南省新乡、山东潍坊和山西运城等地示范推广也产生了良好的抗病增产效果。70 年代初，开始组织进行了全国棉花抗病品种区域试验，后来分为黄河流域抗病区域试验和长江流域区域试验两个组，不断地向全国推荐通过区域试验的抗病良种，也对全国棉花抗病品种的推广应用起到了重要作用。70年代末，陕401在全国各主要枯萎病区推广面积达13.3万公顷。另外，陕112、陕416、川62-200，抗病洞庭棉等抗枯萎病品种也有一定的种植面积。至1977年，全国抗病品种种植面积约16.7万公顷。这一时期，陕西关中泾惠灌区、山西运城、河南新乡、江苏常熟和四川射洪等地区枯萎病的危害明显减轻。

2. 抗病丰产品种应用的阶段(1978～1986年) 1978年，中国农业科学院植物保护研究所选育的高抗枯萎病、高产品种中植86-1号，通过全国抗病品种区域试验，两年13个省45个试验点次平均比对照陕401增产18.9%，成为我国长江流域和黄河流域高水肥病区推荐推广的品种。1978～1980年，中植86-1号在河南、山东、江苏和浙江等省的重病区示范，据1.5万公顷示范区资料统计，平均比感病对照徐州142、岱15增产67.4%；在无病田试验，皮棉产量比徐州142等略有增产。中植86-1在长江流域棉区的江苏、浙江、安徽、湖北抗病增产效果更好。江苏省的苏州、南通、盐城是枯萎病严重发生区，70年代末抗病品种很少，1980年开始推广，至1984年中植86-1号面积超过13.3万公顷。浙江省慈溪县是著名的高产棉区，又是老的枯萎病重病区，70年代中期开始推广陕401，因试种结果产量低于当地常规品种，至1977年最大种植面积仅614.2公顷，1977年引进中植86-1种子10 000千克，由于高抗枯萎病、丰产性好，使种植面积迅速扩大，到1985年达4.1万公顷，占全省植棉总面积的45.6%。70年代末陕西省棉花所育成兼抗枯、黄萎病的陕1155。80年代初，山东潍坊地区农科所等单位育成鲁抗1号，四川棉花所育成川 73-27，山西临汾小麦所育成晋棉 7 号，这些品种在 80 年代中期推广面积均在 6.7 万公顷左右。至 1984 年，全国抗病品种种植面积达 82.5 万公顷，实现我国棉花抗病品种第一次大规模更换。全国主要枯萎病重病区的危害得到初步控制。到 1986 年全国抗病品种面积达 100 万公顷。

3. 抗病丰产优质品种应用的阶段(1987～1992 年) 1987 年，中国农业科学院棉花所育成的中棉所 12，经全国抗病区域试验及多年示范，表现出兼抗枯、黄萎病，丰产性好等优良特性，在河南、山东、河北、陕西、山西、浙江等省枯萎病区迅速得到大面积推广。河南省农业厅认为，加快推广中棉所 12 是河南棉花生产的战略措施。在 1987 年中棉所 12 刚刚通过全国区域试验时，河南省已推广 8.5 万公顷，新乡县 1988 年在良繁区种植 1 333 公顷，皮棉单产达 1 537.5 千克/公顷，比全县其他品种平均增产 24.2%；扶沟县种植 1 933 公顷，平均增产 90 千克/公顷。1990 年，中棉所 12 在河南省种植面积达 38 万公顷，按皮棉单产增产 112.5 千克/公顷计算，全省共增产皮棉 4 275 万千克，按 6 元/千克计算，净增经济效益 2.5 亿元。80 年代末山东省全省植棉面积 133.3 万公顷左右，是我国当时最大的产棉省，也是枯萎病危害最严重的省份之一。推广高产抗病品种效益十分显著。由于中棉所 12 号抗病性强、丰产性好，山东省抗病品种推广面积由 1987 年的 11.5 万公顷，增加至 1989 年的 41.5 万公顷，1990 年又翻了一番，增加到 84.9 万公顷(中棉所 12 号占 56.3 万公顷)。同种植常规品种相比，1990 年至少挽回皮棉损失 142 650吨，按 6 元/千克计算，增加收入 8.56 亿元。中棉所 12 号在陕西、山西、河北、浙江等省种植面积也迅速扩大，获得抗病高产的良好效果。1990 年，中棉所 12 种植总面积达

120 万公顷，实现了以中棉所 12 号为主的抗病品种第二次大规模更换。1992 年，中棉所 12 号种植面积达 166.7 万公顷，成为我国种植面积最大的自育棉花品种之一。

另外，盐棉 48、鲁 80-9、冀 14、中 17 和中植 86-4 等也有较大面积的种植。1990 年，全国抗病品种总面积达 236 万公顷，占全国植棉总面积的 44.1%。枯萎病在全国范围内得到控制。1975～1993 年全国累积推广棉花抗病品种 1 533.3 万公顷，增产皮棉 17.25 亿千克以上。

表 4-13 我国主产棉省抗病品种面积增长情况

省份	1982 抗病品种面积（万公顷）	1984 抗病品种面积（万公顷）	1989 抗病品种面积（万公顷）	1990 抗病品种面积（万公顷）	1990 植棉总面积（万公顷）
山东	7.54	10.11	41.51	84.91	148.3
河南	3.64	7.33	46.67	20.0	84.9
河北	2.37	4.65	11.6	21.42	86.7
陕西	8.38	11.87	8.13	10.0	10.0
山西	1.29	6.95	9.33	9.33	8.9
江苏	6.43	31.87	30.29	35.32	54.3
浙江	1.61	3.47	4.24	5.75	6.8
四川	4.09	5.37	11.27	11.27	11.3
其他省合计	0.71	1.13	4.67	4.67	87.7
总计	36.72	82.59	167.71	236	535.5

4. 兼抗枯萎病和黄萎病丰产优质品种应用的阶段(1993～21 世纪初) 90 年代初，棉花抗枯萎病品种在全国各主产棉区普及，1993 年黄萎病在全国爆发成灾，表明种植的棉花品种不能满足抗黄萎病的要求。抗病品种应用从 1993 年开始

进入新的阶段，这一阶段的特点是枯萎病被控制，生产上急需抗黄萎病性能好的品种；由于高抗（抗）黄萎病抗源缺乏等原因，抗黄萎病育种进展缓慢。由于棉铃虫和黄萎病的危害，黄河流域棉区植棉面积迅速压缩（由 1992 年的 355 万公顷，压缩到 1999 年的 122 万公顷）是本阶段的特点。

5. 转基因抗虫棉抗病品种的培育和应用（2005 年至现在） 自从 1992 年棉铃虫大发生以后，培育抗虫棉花新品种成为我国棉花育种的新目标。90 年代初，美国孟都公司和我国以郭三堆先生带领的研究组先后培育成功转 Bt 的抗虫棉，从 1997 年农业部转基因工程安全委员会批准国产抗虫棉的商业化以后，目前已培育成功百余个抗虫性水平高、丰产、品质良好的转基因棉花品系，审定的抗虫棉品种（组合）数十个。1999 年，抗虫棉的种植面积已达全国棉花播种面积的 1/3 以上；2002 年，抗虫棉在河北和山东两省几乎占 100%，占河南省的 76.6%。2005 年以后，黄河流域棉区种植的几乎全部是抗虫棉，新一轮的棉花品种更换已完成，其特点即以转 Bt 抗虫棉代替常规棉花品种。

随着抗虫棉面积的逐渐扩大，棉铃虫防治力度的减少，棉田生态环境的改变，各种问题也随之出现，其中一个主要问题即棉花病害的发展，突出的是黄萎病和红叶茎枯及后期早衰。近年来，黄萎病的危害已成为棉花可持续生产的主要障碍之一。2002 年由于 6 月份在黄河流域棉区的多雨低温，不少地区的抗虫棉黄萎病大发生，严重地区在 6 月底，发病率高达 70%以上，甚至出现落叶成光杆的落叶型；2003、2006 年在黄河流域棉区，2007 年在江苏省苏北棉区，由于 6 月中旬和 7 月下旬连续出现 7～10 天的低温多雨天气，黄萎病再度大发生，严重地区在 7 月底，发病率高达 80%以上，一些感病品种落叶成光杆的落叶型病株超过 50%。由于我国的抗虫棉对黄萎病的抗病性普遍较差，至 2005 年为止，审核的品种中没有一个对黄萎病达到抗病的品种。

随着中植棉 2 号、冀棉 958 通过了全国品种审定委员会的审定，由于其良好的抗病性，迅速被各棉区广泛采用和种植，尤其是黄萎病病区，2008 年种植面积有望达到 200 万亩以上，对控制转 Bt 基因抗虫棉的黄萎病危害取得良好效果。

三、棉花枯黄萎病的化学防治

棉花枯、黄萎病是典型的土传病害，幼苗期病菌从根部侵入，整个生育期在棉株维管束内危害，造成叶片发病。枯、黄萎田间发病后用化学药剂很难防治，至今尚无有效的防治药剂。20 世纪 60～70 年代，我国枯、黄萎病发病面积不足棉田面积的 20%，80%的棉田是无病田。从植物检疫、保护无病田的目的出发，对棉种带菌消毒处理方法进行了较多的研究，为了达到“消灭零星病区”的目的，对枯、黄萎零星病点进行了铲除研究；90 年代以后，黄萎病危害逐年加重，生产上缺乏抗黄萎高产良种，不少单位试用植物生长调节剂，如缩节胺、黄腐酸类等药剂进行了黄萎病的防治，取得了一定的防效。

(一)种子消毒处理

早在 20 世纪 60 年代初，仇元等(1963)采用 0.15%～0.2%二硝基硫氰代苯药液，用 55℃～60℃热浸带菌棉种，不但达到杀菌效果，而且有增加田间出苗率的作用。70～80 年代，不少单位对带菌种子消毒进行了研究，效果较好的是棉籽浓硫酸脱绒“402”乳油(乙烷硫代磺酸乙酯乳油)焖种及多菌灵药液冷浸等。

1. 棉籽浓硫酸脱绒 中国农业科学院棉花研究所提出的棉籽浓硫酸脱绒及"402"乳油焖种：先将浓硫酸盛于砂锅中在火炉上加热至110℃～120℃；棉籽放入砌嵌在两个火炉中间的缸盆里加温，烘到20℃～30℃，每次脱绒的棉籽按10千克计算，一般加入比重为1.7的粗浓硫酸1 000毫升。脱绒时，将热浓硫酸徐徐倒在棉籽上，随倒随搅拌，直到棉籽变黑发亮、短绒完全脱尽为止。随即移至另一缸盆中，用清水反复搓洗，再移至铁筛中，用流水冲洗至水色不显黄色，水味不显酸味为止。棉籽在冲洗过程中可以结合进行水选，捞除漂浮的棉籽，选留沉底的饱满种子，准备做"402"乳油温汤浸焖。

2."402"焖种 先将定量热水倒入缸中，调至65℃左右，再将定量的"402"乳油倒入，搅拌均匀，最后将脱绒过的棉籽倾入缸中，用麻袋或木盖将缸口盖严，防止药液挥发，进行温汤浸焖。所用药液浓度为2 000倍液，即50升水中加入70%"402"乳油50毫升，药液量为棉籽量的3倍，在浸焖过程中搅拌2～3次，使上下温度一致，保持在50℃～60℃之间，半小时后取出，可以随处理随播种，也可以晾干后备用，据报道这种处理的杀菌效果可达100%。

3. 多菌灵浸种 江苏省农业科学院植物保护研究所试验，用0.5%(有效成分)的多菌灵(甲基苯骈咪唑氨基甲酸酯)盐酸盐液，按棉籽和药液1∶4的比例冷浸24小时，可达到种子处理检疫标准，具体做法是将多菌灵5 g，以25 ml稀盐酸溶解，再加入975毫升水，加入0.03%的平平加作为助剂，配成1 000毫升的药液即可使用，其杀菌效果如表4-14。

表 4-14　不同处理对棉枯萎病带菌种子铲除效果比较

试验地点	处　理	定苗前检查		剖秆检查		定苗前检查		
		总株数	病株数	总株数	病株数	总株数	病株数	病株(%)
无锡稻麦良种场	0	0.5%多菌灵盐酸液	5444	0	3543	0	8987	0
	对照	1800	18	1062	714	2862	732	25.58
盐城新洋农业试验站	0.5%多菌灵盐酸液	25883	0	3009	0	28892	0	0
	浓硫酸脱绒“402”	20454	0	2948	0	23402	0	0
	对照	20955	0	2513	1	23468	1	0.004
安徽池州地区试验站	0.5%多菌灵盐酸液	18845	0	3489	0	22334	0	0
	浓硫酸脱绒“402”	1939	0	1299	0	3238	0	0
	对照	10761	21	2106	5	12867	26	0.2

(二)药剂防治零星病点

针对70年代提出的“消灭零星病田”的策略，北方棉区不少省市植保部门，对药剂铲除枯、黄萎零星病点进行了较多的研究。如中国农业科学院棉花研究所对氯化苦铲除零星病点进行了研究，取得良好铲除效果。山东省棉花枯、黄萎病综合防治协作组，经过多年室内外试验研究，认为二溴乙烷、二溴氯丙烷、粗二二乳剂、氨水以及1,3二氯丙烯等均收到较好的铲除效果。

1. 氯化苦

(1)氯化苦原液　原液含有效药量98%以上。施用时，拔除病株，清除病残体，以病株为中心标定1平方米范围，均匀地打25个孔，每孔应用土壤注射器注射施药125毫升。施药后采用封闭措施，铲除效果达 100%。

(2)氯化苦乳剂　乳剂含有效药剂量 90%，系原液加入适量的乳化剂而成。经改进的剂型，催泪作用降低，在没有专用施药工具的情况下，也可以施用，应用时首先以病株为中心，标定 1 平方米消毒处理范围，翻松土壤 30～40 厘米深，将氯化苦按每平方米 100 毫升对水 20 升稀释，灌浇在土壤中，最后封闭土表，效果达 100%。

①土壤温湿度对药效的影响：氯化苦挥发性强，对温度敏感。温度愈高，挥发愈快，穿透力愈强，铲除效果亦愈佳，同时在土壤中残留药害的排放相应加快。

②施药深度、范围与灭菌效果：棉枯、黄萎病菌在初发病的零星病田，一般聚集在 0～30 厘米土层，尤其耕作层最多。因此，原液注射深度和乳剂渗透深度，以 0～30 厘米或 0～40 厘米为佳，在标定范围内，要求药剂均匀分布，以免影响效果。

③药剂对水量与渗透分布的关系：乳剂对水稀释的作用在于促进药剂的渗透与分布，与药效无直接关系，主要取决于土壤的含水量。土壤含水量大，对水量可相对减少，但若土壤含水量大到一定程度，最好延缓施用时间。在一般情况下，土壤所需氯化苦乳剂量对水每平方米 20～25 升，即可保证药液均匀渗透，达到病菌分布的土层中，发挥灭菌作用。

④施药后覆盖封闭的作用：棉枯、黄萎病菌在土壤表层集聚较多，是铲除的要害层次。由于氯化苦挥发性强，如不加覆盖封闭，待药剂溢散至地表，将迅速散失至空间，起不到灭菌的应有作用。为提高灭菌效果，必须在施药后立即将施药点用湿土踏实或用泥浆封闭严密。

⑤施药与播种的间隔期：在棉花生长期施药，铲除效果好，但对周围棉花生育影响较大，故不提倡。在棉田休闲期施

药处理，速效性有所延缓，在施药10天后将土壤翻动一次，可促进药效挥发作用，施药后20天，药害基本消除。所以在施药后20～30天播种棉花，对种子发芽，棉株生长安全无恙。

2. 二溴乙烷 在温室水泥池的试验，病土每平方米用81毫升70%二溴乙烷，溶于40.5升水中(或每0.33平方米病土灌施500倍稀释液5千克)灌施，两周后播种，防病效果较好，而对照全部发病。1973年，山东临邑棉花原种场用二溴乙烷处理一发病中心10平方米，其中曾发现4株枯萎病株，第二年检查原发病中心的91株棉花，未见发病。1975年在山东高密水西曹疃村的0.5公顷棉田中查出30株枯萎病株，拔除后用500倍二溴乙烷处理，每病点处理0.33平方米，用药5千克，两周后在原地点播用浓硫酸脱绒、"402"乳油温浸处理的徐州1818棉种，经3次调查及剖杆检查，未见病株，1976年观察也未见病株，但在处理点外围发现新的病点。

3. 二溴氯丙烷 病土每平方米用90毫升80%的二溴氯丙烷，溶于40.5升水中，灌施，铲除效果也较理想。1973年秋季，山东滨县棉花原种场处理一个面积达60平方米的发病中心，其中有枯萎病株29株，用上述药量灌施，1974年在原发病中心处生长的496株棉花，均未发生枯萎病。曹县棉花原种场用二溴氯丙烷处理一个面积为4平方米的发病中心，其中有枯萎病株12株，翌年在原发病中心处未再发现病株。

4. 溴甲烷 熏蒸15～20天，最好在夏季高温时实施，效果最好，最早不能早于4月中旬，气温低于20℃以下时将影响其效果，熏蒸完后应揭开地膜晾晒7～10天，使气体完全释放，否则对棉苗有一定的影响。溴甲烷熏蒸，可有效控制土壤中的枯萎病和其他有害生物，包括杂草等。

(三)生长调节剂在生产中的应用

20世纪90年代以后，棉花黄萎病逐年加重，由于缺乏抗性好的品种，不少单位用基本上没有杀菌作用的生长调节剂缩节胺、黄腐酸类药物进行防治试验，取得一定防效。

1993年黄萎病大发生，我们8月下旬到冀、鲁、豫主产棉区调查，三省均有棉农反映，喷施生长调节剂后，黄萎发病减轻，如河南尉氏县永兴乡一块棉田分属二兄弟，其中一户在7月中旬用过缩胺安调控(每2 g /667m^2)，发病率仅38.0%，病指11.5，重病株率2%；而另一家未用缩节胺化控，发病率则高达81.0%，病指51.8，重病株率45%。这种现象在河北肥乡县张达乡张达村亦有。山东省临清市大辛庄乡柳庄村，则更具说服力，一农户种植0.5公顷鲁3389，其中0.4公顷喷过二次生长调节剂，而另0.1公顷由于调节剂已用完，故未施用，在8月下旬，田间发病情况区别很明显，用过二次的棉花生长旺盛，青枝绿叶，长势喜人，黄萎病的发病率仅37.5%，病指18.4，重病株率14%，而只用一次的这一小部分，发病率高达80.5%，病指58.3，重病株率56.2%。这些实例均说明缩节胺有减轻黄萎病的作用。

为了进一步证明缩节胺对黄萎病有减轻发病的效果，简桂良等1994、1995年在河南新乡县棉田进行缩节胺防治黄萎病试验。董志强等(2000)对缩节胺减轻黄萎发病机理进行了研究。试验在河南省新乡县小冀镇王屯村多年单作棉花的重病地进行。种植感病品种中植86-1号，试验共7个处理，分别为20毫克/千克水喷施1次(相当于15克/公顷)，20毫克/千克水喷施2次；40毫克/千克水喷施1次(相当于30克/公顷)，40毫克/千克水喷施2次；60毫克/千克水喷施1次(相当于45

克/公顷),60 毫克/千克水喷施 2 次;清水喷施二次(空白对照)。重复 3 次,随机排列,每小区 4 行,行长 10 米,小区面积 40 平方米。分别于棉花黄萎病发病初期的 7 月 10 日以所需量,用工农 16 喷雾器按常规药量(喷施 450 千克/公顷药液)分别喷施,隔 10 天再喷第二次。结果表明,各处理的发病率、病情指数(2 年平均)见表 4-15。从表中可看出,喷施缩节胺后病情的发展受到明显的抑制,在喷施 10～20 天后病指相对减退率为47.82%～62.71%,在发病高峰的 8 月 20 日调查,病指相对减退率可达 48.86%～67.78%,防治效果最好的为 20 毫克/千克、40 毫克/千克喷施 2 次,浓度再提高至 60 毫克/千克,无论是喷施 1 次或 2 次,效果并不增加。生产上以低浓度喷施 2 次,期间间隔 7～10 天为好,可有效的抑制黄萎病的蔓延。

表 4-15　喷施缩节胺防治棉花黄萎病效果

处　理	7 月 31 日		8 月 20 日	
	病情指数	病指相对减退率	病情指数	病指相对减退率
20 mg/kg 1 次	3.75	54.89	11.12	44.73
20 mg/kg 2 次	8.04	61.29	11.27	67.78
40 mg/kg 1 次	7.73	60.55	10.45	64.39
40 mg/kg 2 次	10.29	58.79	12.45	66.71
60 mg/kg 1 次	7.29	47.82	10.70	48.86
60 mg/kg 2 次	5.05	62.71	9.63	52.52
对照	8.24		12.34	

化学调控剂对棉花黄萎病的控制和调节作用,我国研究不多,国外有人曾有过报道,Buchenauer 等对一种植物生长抑制剂 Pydanon 有过研究,结果表明,接菌前用灌根的方式

以每株200毫克处理可减轻棉花及番茄黄萎病的危害。Erwin等则对另一种植物生长调节剂 Tributyi phosphonium chioride有过研究，结果表明，在温室用土壤处理可抑制棉花黄萎病的危害，在大田以40或80微克/毫升的浓度喷施2次，可使棉花黄萎病减轻，并使棉株体内的病菌含量减少，棉花增产21%～30%。这与上述试验的结果一致。

缩节胺处理增强了棉株抵抗黄萎病菌侵染的能力，缩节胺系统化控区感病株率分别比对照下降了76.21%和52.87%，显著降低了棉株的感病株率。

（四）黄腐酸类防治棉花黄萎病

田世民等(1999)报道，用生化黄腐酸制剂克黄枯和黄腐酸1号，在田间喷雾进行黄萎病防治试验，选择地块为重茬6年的棉田，供试品种为当地感病品种。药剂浓度分别为300倍液和600倍液。处理前的7月20日调查，整个地块黄萎病发病率为29.5%，病情指数为8.5。选择发病程度一致的棉株定株挂牌作为供试棉株，每处理10株。自7月25日起，每6天喷药1次，共喷药3次。分别在第一次用药后10天和20天田间调查两次(表4-16)。

表4-16　不同药剂处理的病情指数

药剂	浓度（稀释倍数）	用药前	用药后10天	用药后20天	相对防效/%
克黄枯	300	50.0	43.8	37.5	25.0
克黄枯	600	31.3	31.2	25.5	25.0
黄腐酸1号	300	25.0	31.3	33.8	—
黄腐酸1号	600	43.8	44.0	53.5	—
对照	—	40.1	44.1	57.1	—

从调查结果看，生化黄腐酸制剂—克黄枯两种浓度处理均有明显的防效。防治效果均有25%，而黄腐酸1号无防治效果。

(五)其他药剂的作用效果

李玉奎(1997)用安索菌毒清，黄腐酸盐，棉花用生化黄腐酸，益微，军丰3号等。杨代刚等(1993)用光合微肥2 000毫克/千克；DPC30毫克/千克混合液；光合微肥2 000毫克/千克和链霉素500毫克/千克混合液；链霉素500毫克/千克；丰鲜宝40毫克/千克等。袁红霞等用40%抗枯威可湿粉剂400倍液和800倍液，50%多菌灵可湿粉剂600倍液，黄腐酸盐600倍液，绿风95 600倍液，0.5%藜芦碱水剂400倍液，高锰酸钾1 000倍液，缩节胺60毫克/千克和清水对照9个处理。

上述化学药物、生化试剂及微肥用来防治棉花枯、黄萎病虽然取得了一些效果，但均存在一些问题，如防治效果不稳定，年度间防效差异大。受气象因素影响较多，有的年夏季高温黄萎发病受到明显抑制，与防效不易区分。因此，上述药物防治枯、黄萎病的效果应进一步多年多次试验示范方可推广应用。

四、棉花枯黄萎病的农业防治

(一)加强田间管理

各地调查结果表明，凡枯、黄萎病发病严重地块，大部分地势低洼，排水不良，多年连作，管理粗放，在抗病品种缺乏的50～60年代，这种情况更是普遍。良好的栽培管理，可减轻枯、黄萎病的危害。

(1)苗期管理　在棉花苗期，适当密植，早间苗，晚定苗，间除枯萎病苗及弱苗，留足预备苗，及时移栽补苗。及时中耕除草，提高地温，促进壮苗早发，提高棉株本身的抗病能力。

(2)施肥　施肥种类、时期、数量等对枯、黄萎病发病也有一定影响。河南农学院1977年试验证明，单独施用氮肥的比单独施用磷钾肥发病率显著提高，氮、磷、钾混合用比单独施用氮肥的发病率降低。陕西关中棉农有用氨水减轻枯萎发病的经验，每667平方米棉田施50～70千克氨水，有促进枯萎病轻病株恢复生长的作用。

(3)深耕　深耕对枯萎病发病轻重有一定影响，耕的深可把地表的枯枝、落叶、烂铃等翻埋到土壤深层，促使病残体分解腐烂，减轻病菌的积累。

从国内外资料看，枯、黄萎病对土壤酸碱度要求不严格，如长江流域四川、湖北、江苏土壤偏酸，冀、鲁、豫棉区土壤偏碱，枯、黄萎病发病均较严重。

20世纪60～70年代枯、黄萎病危害逐年加重，对应用农业措施防治枯、黄萎病进行了大量研究，主要措施有轮作倒茬、地膜覆盖、无病土育苗移栽及加强田间管理等，至目前为止，仍然是两病综合防治中不可缺少的重要措施。

(二) 地膜覆盖

20世纪80年代，地膜覆盖逐渐成为棉花高产的一项主要栽培措施。南、北棉区均有盖膜可减轻枯、黄萎病的报道。李经仪等(1983)在江苏省农业科学院植物保护研究所重病田试验研究盖膜与不盖膜(对照)枯萎田间发病情况及土壤根际周围10厘米土样内菌落数量(见表4-17)。

表 4-17 地膜覆盖与不覆盖病指消长和土壤菌量比较

调查日期（月/日）	植株病症调查				土壤内菌落数量（个/克土）	
	地膜覆盖		对照		地膜	对照
	发病率(%)	病指	发病率(%)	病指		
5/24	16.33	5.73	32.33	13.27	7.67×10^3	6.67×10^3
5/31	23.00	7.33	48.33	20.60	3.43×10^3	6.27×10^3
6/14	29.67	17.47	50.67	33.80	4.40×10^3	2.53×10^3
6/28	25.67	14.67	57.67	35.73	1.80×10^3	8.80×10^3
7/12	31.00	17.13	47.00	31.93	1.47×10^3	1.20×10^3
7/26	29.00	18.27	43.33	34.00	4.07×10^3	6.20×10^3
8/14	15.00	11.67	32.33	29.27	3.87×10^3	5.73×10^3
8/28	16.33	12.80	40.00	33.00	6.80×10^3	9.40×10^3
9/13	68.33	33.00	83.00	50.87	4.40×10^3	5.87×10^3

蕾期发病高峰与后期剖杆的病情比较，凡地膜覆盖的枯萎病的发病率、病指明显减轻。蕾期覆膜的发病率为25.67%，病指为14.67；不覆膜的则分别为57.67%和35.73，覆膜比不覆膜病指降低58.94%。后期剖杆检查，覆膜的病率为68.33%，病指为33；不覆膜的则分别为83%和50.87，覆膜比不覆膜的枯萎病指降低35.13%。地膜覆盖与不覆盖棉田土壤中棉枯萎病菌量的分析，棉田在地膜覆盖的95天中，分离土壤10厘米处枯萎病菌量共9次，其中只有5月24日、6月14日、7月26日3次覆膜的菌量略高于对照外，其余均显著地低于对照。蕾期与吐絮后期的菌量减少尤为明显。覆膜的平均每克土壤含菌量为2.73×10^3个和4.4×10^3个，不覆膜每克土壤含菌量为5.27×10^3个和5.87×10^3个，覆盖

比对照菌落数减少48.2%和25.0%。

张卓敏等(1987)在山西中熟棉区的永济县，中早熟棉区的襄汾县，特早熟棉区的平遥县，进行盖膜与不盖膜对枯、黄萎病减轻效果的试验，同时对发病轻重不同田块、不同年份、棉花不同播期防病效果进行了比较。

表 4-18　地膜覆盖对棉花枯、黄萎病防治效果　(1983，山西)

地点	品种	处理	枯萎病 发病率(%)	枯萎病 病指	枯萎病 死苗率(%)	枯萎病 相对防治效果(%)	黄萎病 发病率(%)	黄萎病 病指	黄萎病 死苗率(%)	黄萎病 相对防治效果(%)
永济	晋棉	覆盖	42.63	37.53	25.04	34.28	14.45	7.38	0	7.52
南苏		不覆盖	61.81	57.11	45.22	—	17.89	7.98	0	—
永济	岱16号	覆盖	29.64	24.14	13.03	23.68	22.23	13.36	0	−7.14
白坊		不覆盖	38.02	31.63	16.62	—	20.01	12.47	0	—
襄汾	盖棉1号	覆盖	22.99	18.30	9.48	29.23	4.25	2.3	0	12.21
文臣		不覆盖	31.63	25.86	14.39	—	4.52	2.62	0	—
平遥	黑山棉	覆盖	7.01	5.39	2.87	52.68	2.87	2.17	0.09	−4.33
丰依		不覆盖	14.87	11.39	4.99	—	2.73	2.07	0.08	—

不同棉区多点对比试验发病盛期统计结果(表4-18)，处理枯萎病情指数为5.39～37.5，对照11.39～59.11，相对防治效果23.68%～52.68%，平均为34.97%。初步看出不同生态条件下，棉田覆盖后，对枯萎病均有明显的减轻作用，且试验结果经回归稳定性测定：b=0.84 (b<1) 具有广泛的应用范围。黄萎病方面，覆盖处理中有部分点次比对照表现为减轻趋势，而有的点次则表现加重趋势，综合结果看出两者之间无明显差异。不同类型病田覆盖后对病害的作用结果(表4-19)，枯萎重病田相对防治效果为30.2%，轻病田为52.68%，表明棉田覆盖后对轻病田或重病田均有一定的防治作用。不同年份覆盖对枯萎病防治作用，三年试验结果表明，

处理相对防治效果为20.88%～35.48%，平均为27.42%。表明不同年份病田覆盖后均对枯萎病有着明显的防治作用。不同播期覆盖对枯萎病防治作用试验结果，3月27日、4月5日和4月15日播种相对防效依次为34.20%、35.48%和13.20%，显示出不同播期的处理对枯萎病均有一定的控制作用，尤以4月5日播期表现更优。

表4-19　地膜覆盖对不同类型病田枯萎病防治效果　(1983年)

病田类型	处理	发病率(%)	病指	死苗率(%)	相对防效(%)
重病田	覆盖	31.75	26.66	15.85	30.20
	露地	43.78	38.20	25.39	/
轻病田	覆盖	7.01	5.39	2.87	52.68
	露地	14.87	11.39	4.99	/

(三) 轮　作

全国各枯、黄萎病区都有连作导致这两种病害逐年加重的调查数据，如陕西省高陵县植保站1981年调查，连作2年枯萎发病率1.75%；连作3年为4.10%；连作4年为7.77%。新疆维吾尔自治区农科院在石河子纯黄萎病区调查，连作2年发病率12.2%，病指8.75；连作3年发病15.3%，病指8.82；连作4年发病30.2%，病指20.7；连作6年发病率53.0%，病指32.8。因此，棉农有"一年轻两年重，三年四年不能种"，"头年一个点，二年一条线，三年四年一大片"的说法。轮作倒茬可以防治多种病虫害，应用轮作防治病虫害、提高农作物的产量，在我国已有十分悠久的历史。水旱轮作比旱田轮作防治枯、黄萎病效果更好。

1. 旱田轮作　1957年，四川省简阳棉花试验站研究证明，枯萎重病田，用非寄主作物轮作两年，可以减轻发病率10.4%～39.4%。1959年，陕西泾阳县在枯萎重病田，经过小麦、玉米两年轮作，枯萎病发病率由原来的85%降低至35%，死苗率由50%降低到20%。黄仲生等(1980)在北京市平谷、通州试验，将棉花与小麦、玉米实行3～4年轮作，防病效果达到95%以上，轮作6年未查到病株。这说明，旱田轮作5～6年，能达到良好的防病效果(表4-20)。

表4-20　轮作对防治枯萎病的作用

(1972～1977年，北京)

调查地点	棉花品种	面积(公顷)	发病类型	倒茬年限	发病率(%)
通县百家地渠西	徐州1818	0.33	重病田	一年	9.7
通县大马庄大队	徐州1818	3.33	重病田	三年	1.0
通县公庄大队	徐州1818	1.33	重病田	四年	0.4
平谷县马各庄大队	徐州1818	0.53	重病田	六年	0

2. 水旱轮作　各地试验结果均证明水稻与棉花轮作防治枯、黄萎病效果比旱田轮作好。早在1959年江苏南通报道，种植一年水稻，再种棉花，枯萎发病降低68.9%，种两年防效比种一年再提高15.39%，种3年水稻再种棉花，发病率降低99.24%。

20世纪70年代，长江流域棉区对水、旱轮作防治枯萎病作了很多试验研究工作。张廷坚等1977～1978年在湖北新州县枯萎病田试验结果，连作重病田枯萎发病率54.5%，病指36.8；轮作一年水稻后再种棉花，发病率8.8%，病指4.87，防病效果86.8%；种两年水稻后再种棉花，发病率3.2%，病指1.3，防病效果96.5%；种3年水稻再种棉花枯萎发病率

1.2%,病指0.6,防效98.4%。江苏常熟县试验,夏季种植一季水稻后移栽棉花,黄萎发病率35%,光杆率7%;种植两季水稻,翌年种棉花,黄萎发病率降低到12%,光杆率2%,对照发病率99%,光杆率达81.0%。

安徽棉花所张辅志1971~1981年,在东至县试验证明,无论砂壤土,壤土,进行稻棉1~5年轮作,在原枯萎发病率21.74%~99.2%的田块,随着水稻种植年限的增加,田间枯萎发病率逐年降低,轮作1年防效85.2%,轮作2年防效98.9%,轮作3年防效99.2%,轮作4~5年田间防效达100%。

(四)其他农业措施

1. 清洁田园 枯、黄萎病株的残枝落叶都带有病原菌。这些病株残体留在田间必然会增加土壤中病原菌数量,从而加重发病程度。因此,要求在田间操作,如间苗、定苗、整枝、打杈时,把这些残体带出田外烧毁或深埋。

2. 排水与灌溉 各地多次调查资料表明,地势低洼,排水不良,地下水位较高的地区发病严重。据北京市通州区1970年的调查表明,同一块棉田,北边高,南边低,低处容易积水,土壤湿度大,高处枯萎病发病率仅为1%,低处发病率高达44%。陕西省植物保护研究所1973年在泾阳县调查表明,同一块种植中棉所3号的棉田,一半用井水灌溉,另一半用渠水漫灌,前者枯萎病发病率15.9%,后者发病率26.2%。

3. 薄荷茬对枯萎病有减轻作用 江西一农民介绍,在枯萎重病田种植一年薄荷后,再种植棉花,连作8年未见枯萎发病。李玉奎(1986)用薄荷田土盆栽,枯萎发病率23.8%,对照发病率67.8%。在大田调查,薄荷茬棉花枯萎病发病率

30.0%，相邻菜地枯萎发病率61.3%。经室内试验证明，薄荷根分泌物对枯萎病菌有抑制作用。

4. 豆饼追肥、油菜压青 豆饼是较好的有机肥料，也可减轻枯萎病危害。据董友根报道(1986)，每667平方米用新鲜豆饼粉25千克沟施，以混合化肥10千克为对照，蕾期枯萎发病高峰期豆饼处理发病率3.9%，对照发病率7.3%。说明豆饼作肥料有减轻枯萎危害的作用。

张卓敏等(1986)报道，油菜压青有减轻枯萎病危害的作用。油菜压青田枯萎病发病率4.8%，对照田发病率11.2%。用油菜压青土盆栽，枯萎发病率27%，对照发病率73.6%。这说明，油菜压青不但可培养地力，还可减轻枯萎病的危害。

5. 无病土育苗移栽 各地实践证明，棉花育苗移栽不但是一项增产措施，也是一项减轻枯萎病危害的措施，用不带枯萎病的土壤，结合改用无病种子，可推迟和减轻枯萎病危害。

1972年西北农学院在陕西3县7乡的调查结果表明：凡采用无病营养土进行育苗移栽的，较同一田块、同一品种直播棉花的枯萎病情显著减轻，其防病效果为38.32%～73.72%。该校高陵县基点对育苗移栽及直播棉田病害发展的调查情况表明：直播田5月10日出现病株，5月31日发病率5.3%，6月7日发病率猛增到38%；而育苗移栽田5月31日前未发现病株，6月7日发病率仅为0.24%，无病土育苗移栽大大推迟了田间发病时间。

1973年，中国农业科学院植物保护研究所在河南新乡王屯基点枯萎病严重病田进行育苗移栽防治枯萎病试验，结果表明，无病土育苗移栽田5月28日发病率10.6%，死苗率1.2%，病土钵育苗移栽发病率30.4%，死亡率高达23.2%；至6月20日无病土育苗田发病率虽然与病土育苗田差距缩小，但死苗率仍为1.2%，而病土育苗田，死苗率达到32.5%，无病土育苗田皮棉产量比对照增产明显。

无病土育苗移栽可以减轻枯萎病发病率和降低死苗率。这是由于棉苗早期处于无病土条件下，避免了病菌对幼苗的侵染，当幼苗移入病田，待新根长入带有病菌的大田土壤后，病菌开始侵入，逐渐使棉苗发病，但这时棉苗已经长大，抗病力大大增强，发病率显著降低，严重病田发病率虽然也较高，但死苗率明显减轻。因此，达到防治枯萎病增加产量的效果。

棉花枯萎病症状–叶片黄化

棉花枯萎病症状–叶片紫红棉株枯死

棉花枯萎病症状–叶片皱缩黄化紫红症状混合

责任编辑/高　原
封面设计/苟静莉

黄萎病和枯萎病是棉花生产上普遍发生的病害，不仅危害重、传播快，而且防治困难。本书通过其发生和传播规律，提出了有效的防治措施

ISBN 978-7-5082-5704-4

ISBN 978-7-5082-5704-4
定价：8.00元

草菇

高产栽培技术

本书
总印数已达
35万册以上

（第2版）

蔡令仪 陶雪娟等 编著

CAOGU
GAOCHAN
ZAIPEI
JISHU

金盾出版社
JINDUN CHUBANSHE

白色草菇

草菇V10菌株

草菇V12菌株

草菇母种菌丝体
（管内红棕色物为厚垣孢子）

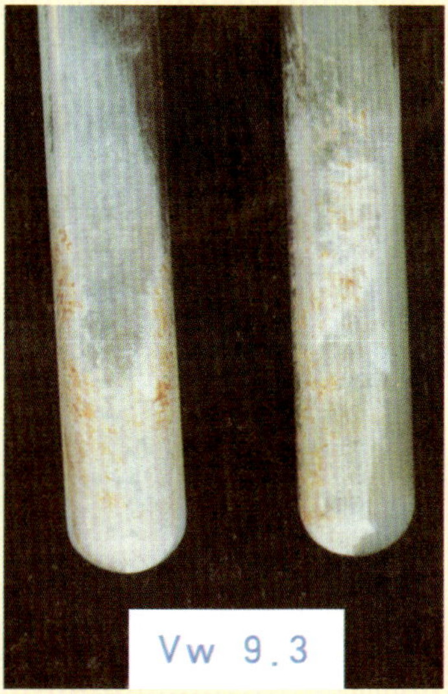

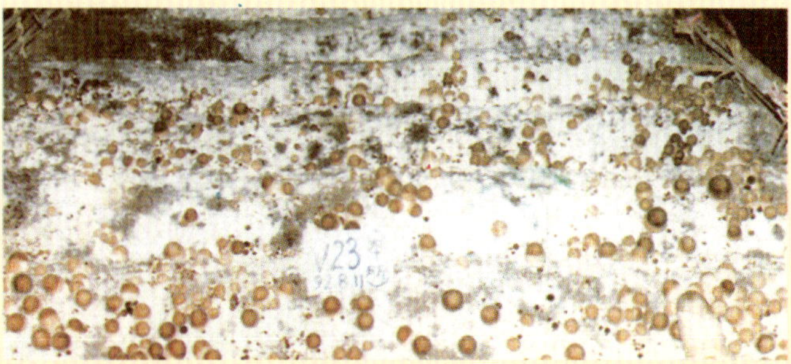

室内床架栽培
草菇（菌丝体
生长过旺）